高等职业教育新形态系列教材

简单零件数控车铣加工

（活页式教材）

主　编　王　京　　陈启渊　　刘　璐

参　编　姜明磊　　关海英　　赵　磊

　　　　梁振威　　王　慧

主　审　吴莅芳

北京理工大学出版社

BEIJING INSTITUTE OF TECHNOLOGY PRESS

内 容 简 介

本书紧紧围绕高素质技术技能人才培养目标，对接专业教学标准和"1+X"职业能力评价标准，注重学生职业能力和素养的培养，力求学生通过典型项目，掌握数控机床编程和操作，并能举一反三。本书以企业生产典型零件为项目案例，教学内容由浅入深由易到难共分为"销钉的加工""传动轴的加工""台阶套的加工""基础零件的加工""精密平口钳压板的加工""综合类零件的加工"等 6 大项目。通过"项目描述、学习目标、知识准备、工作准备、计划与实施、总结与评价、拓展训练"七方面进行教学设计，整体教学设计是以引导问题为驱动、工匠精神内涵为领航，科学组织教材内容，并基于互联网，融合现代信息技术，配套开发了丰富的数字化资源，编写成了该活页式教材。将知识与技能的检查、工作能力与职业素养的培养融入各个教学环节中。

本书可作为高职高专院校、技术应用型本科院校数控技术、机械制造及自动化、机电一体化技术等专业的学生用书，也可作为企业从事数控加工培训教材或有关数控技术相关人员的自学参考教材。

图书在版编目（CIP）数据

简单零件数控车铣加工 / 王京，陈启渊，刘璐主编.

北京：北京理工大学出版社，2025.3.

ISBN 978-7-5763-5270-2

Ⅰ. TG659；TG519.1；TG547

中国国家版本馆 CIP 数据核字第 20256B1Z76 号

责任编辑：赵　岩　　**文案编辑：**孙富国
责任校对：周瑞红　　**责任印制：**李志强

出版发行 / 北京理工大学出版社有限责任公司
社　　址 / 北京市丰台区四合庄路 6 号
邮　　编 / 100070
电　　话 / （010）68914026（教材售后服务热线）
　　　　　　（010）63726648（课件资源服务热线）
网　　址 / http://www.bitpress.com.cn

版 印 次 / 2025 年 3 月第 1 版第 1 次印刷
印　　刷 / 河北盛世彩捷印刷有限公司
开　　本 / 787 mm×1092 mm　1/16
印　　张 / 10.75
字　　数 / 231 千字
定　　价 / 55.00 元

图书出现印装质量问题，请拨打售后服务热线，负责调换

前　言

本书针对高等职业教育的特点及培养高素质未来工匠的需求，立足企业岗位需求，根据《数控车工国家职业标准》、《数控铣工国家职业标准》，融入"1+X"证书职业技能培训内容和职业技能大赛等车铣加工元素编写而成的，实现"岗、课、赛、证"融通，同步引领学生思政教育，积极贯彻党的二十大精神，落实立德树人根本任务。

本书内容以华中数控系统为基础，按照"以加工项目为引领，以引导问题为驱动，以工匠精神为核心"的编写思路，围绕真实加工项目展开教学，并设置拓展训练项目，突出工作项目与相关知识的密切联系，强化学生理论知识的应用，加强综合技能和创新能力的培养。

本书编写具有以下特点：

1. 设置"引导问题"——培养学生自主学习能力

在教学编排上本书分成六个项目，每个项目独立完整，项目难度逐级递进，知识体系内容详实、覆盖全面、课程思政教育同步；通过设置"引导问题"，帮助学生完成任务，培养学生独立思考、自主学习的能力。以学生为中心、学习成果为导向，以岗位核心能力为重点，促进学生自主学习，既是教学材料，又是学习资料，能更好地满足职业教育的发展要求，让学生在"做中学、学中思、思中悟"。

2. 融入"岗课赛证"——提升学生就业竞争力

本书以岗位需求为导向，以职业能力培养为目标，每个项目按照"项目描述-学习目标-知识储备-工作准备-计划与实施-总结与评价-拓展训练"设计，每部分内容以引导问题的方式重组教学内容，实现"岗、课、赛、证"融通。

3. 突显"职业素养"——提升学生可持续发展能力

本书以工匠精神为核心，在六个项目中通过增设"职业素养"，分别聚焦安全生产、爱岗敬业、团结协作、精益求精、专注用心和守正创新，将工匠精神的内涵浸润在学习的全过程中。通过思政育人，使学生在未来工作中，逐步从"设备操作者"蜕变为"工艺掌控者"，让中国制造在微观尺度积累宏观优势。

本书由不同高校一线教师、竞赛指导教师、企业工程技术人员共同完成编写。在编写过程中，力求内容实用新颖、案例丰富、重点突出。全书出版时将以微课、动画、教学课件、参考程序等丰富的数字化资源作为支撑，构建新形态的活页式教材，这些资源可通过扫描书上的二维码在线观看、学习。

本书由刘璐老师负责统稿，王京老师、陈启渊老师定稿。其中，项目一是内蒙古机电职业技术学院谢艳艳老师编写，项目二是内蒙古机电职业技术学院刘璐老师编写，项目三是内蒙古机电职业技术学院孟超平老师编写，项目四是内蒙古机电职业技术学院王京老师编写，项目五是呼和浩特职业学院郤伟老师编写，项目六是内蒙古机电职业技术学院陈启渊老师编写。此外，内蒙古机电职业技术学院的姜明磊、关海英、赵磊、梁振威和王慧老师参与了本书微课制作、视频录制和程序校验等工作，吴茈芳担任本书主审。本书部分项目案例来源于德马吉森精机机床贸易有限公司。

由于编者水平有限，书中若有不足和错误，欢迎广大读者提出宝贵意见。

编　者

目　录

项目一　销钉的加工

一、项目描述

数控车削主要加工轴类零件，这类零件主要用来支承传动零部件，以传递扭矩和承受载荷。本项目以轴类零件中销钉的加工为例，进行数控车削加工训练。销钉是一种常见的固定连接件，广泛应用于建筑、家具、汽车、机械加工等领域。本项目中的销钉加工训练主要是销钉外圆和槽的加工训练，同时还要学会外圆和槽的尺寸控制方法，为后期学习更复杂的零件加工奠定基础。

本项目加工销钉所用毛坯为 $\phi40$ mm×45 mm 圆棒料，材料为 45#钢。销钉的外形如图 1-1 所示，销钉零件图如图 1-2 所示。

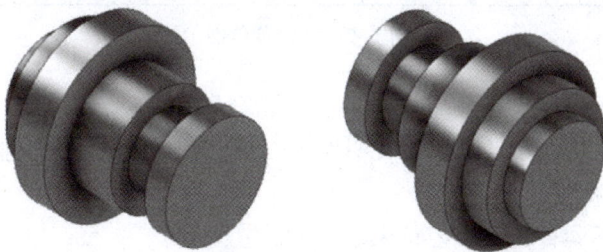

图 1-1　销钉的外形

二、职业素养

安全生产是数控加工中的重中之重，涉及操作人员的安全以及设备的有效运行。在数控加工中，操作人员必须具备高度的安全意识，遵守安全操作规程，保障个人及周围人群的安全。加工中的安全教育内容主要包括对操作规程的学习、安全意识的培养以及应急能力的训练。通过不断加强安全教育，可以有效预防事故的发生，保障操作人员和设备的安全。

三、学习目标

（一）素质目标

1. 具有良好的劳动素养与职业素养。
2. 具有良好的职业道德素养和遵守安全操作的意识。
3. 具有独立思考与分析判断的能力。

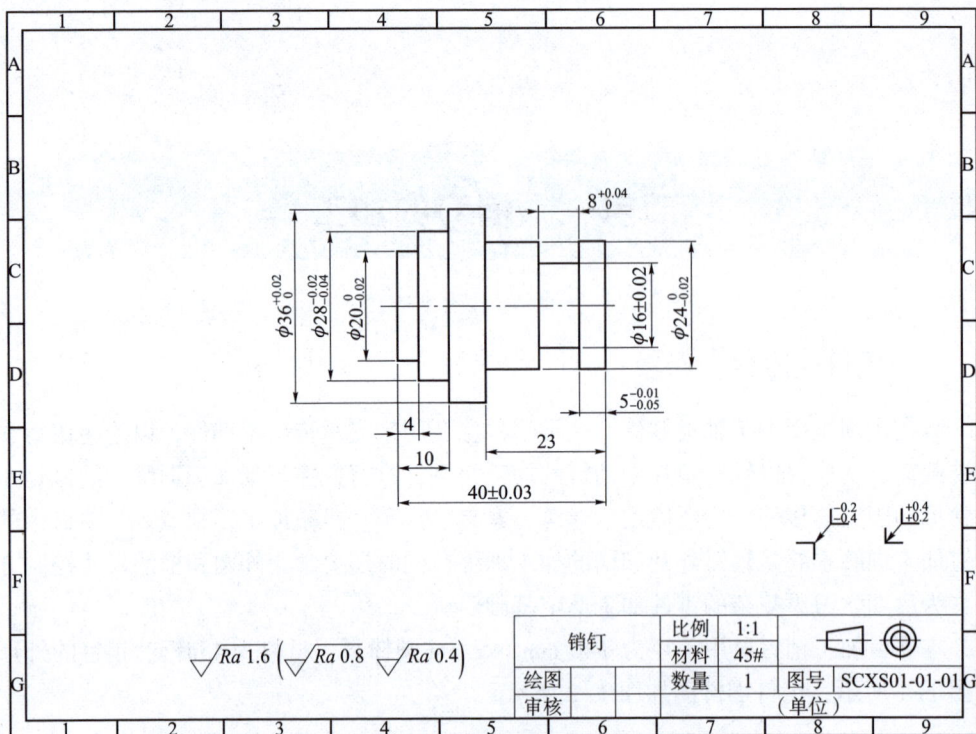

图 1-2　销钉零件图

4. 具有良好的心理素质、团队合作能力和高度的责任心。

5. 养成认真负责、精益求精、文明生产、安全生产等良好的职业习惯。

(二) 知识目标

1. 能够区分不同种类的数控车床。

2. 能够说出所用数控车床的各个部件的名称。

3. 能够正确运用 G00，G01，G71 指令进行轴类零件程序的编写。

4. 能够正确使用 S，M，T 指令进行程序的编写。

5. 能够正确选择数控车床常用的刀具、夹具、材料及加工范围，并能正确使用相关工具和材料。

6. 能够正确使用数控车床操作面板进行程序的录入。

7. 能够正确设置数控车床工件坐标系并进行对刀操作。

8. 能够正确使用数控车床加工本项目中的零件，并能够正确测量加工零件。

(三) 能力目标

1. 能够正确选择和使用数控车床加工中所用的刀具、夹具和量具。

2. 能够正确使用数控车床相关的说明书。

3. 具备较熟练操作华中 8 型数控系统的能力。

4. 能够对数控车床进行简单的日常维护。

四、知识储备

引导问题 1 你了解所用的数控车床吗？它有哪些零部件？

1. 数控车床概述。

数控车床是用计算机数字化信号控制的机床，数控系统通过控制车床 X，Z 坐标轴的电动机来驱动车床的运动部件，并通过控制动作顺序、移动量和进给速度，以及主轴的转速和转向，加工出各种不同形状的_____和_____回转体零件。数控车床及零件加工过程如图 1-3 所示。

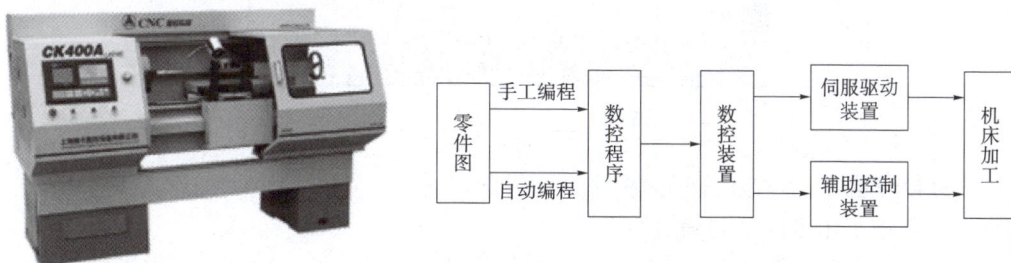

图 1-3 数控车床及零件加工过程

2. 数控车床的组成。

数控车床主要由_____、_____、_____、_____四个部分组成。

引导问题 2 目前常用的数控车床的系统是不是一样的？数控车床系统有几种？

1. 常用的数控车床系统。

目前工厂常用的数控车床系统有发那科（FANUC）、西门子(SIEMENS)、华中、广州、三菱等。每一种数控系统又有多种型号，例如，SIEMENS 数控系统有 SINUMERIK 802S base line、SINUMERIK 802C base line、SINUMERIK 802D、SINUMERIK 802D base line 等型号。各种数控系统的指令各不相同，同一系统不同型号产品的指令也略有差别，使用时应以数控系统说明书为准。

2. 查阅资料，参观车间，辨认图 1-4、图 1-5、图 1-6 所示的数控车床系统，并完成填空。

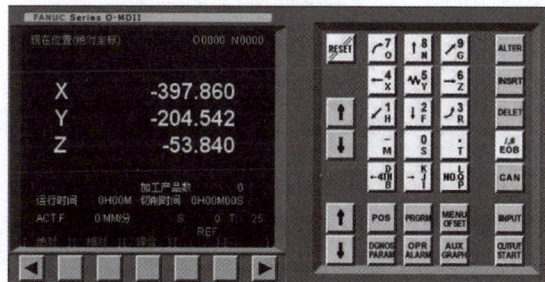

图 1-4 _____

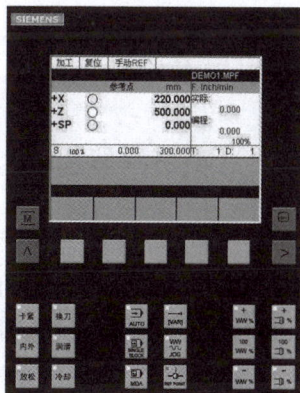

图 1-5 _____

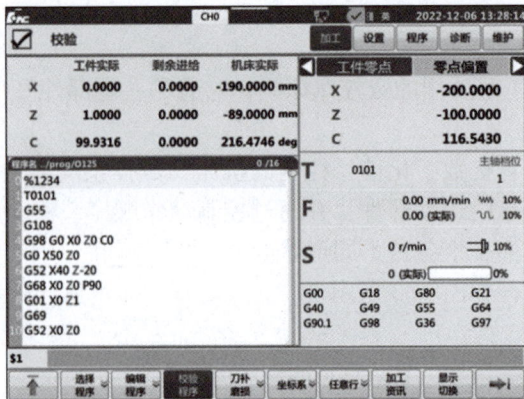

图1-6 _____

引导问题3 数控车床的坐标系是如何确定的?

1. 数控车床坐标系的确定原则。

坐标系的确定原则是刀具相对于静止的工件而运动。这一原则使编程人员在无法判断是刀具移近工件还是工件移近刀具的情况下,就可根据零件图样,确定零件的加工过程。根据图1-7写出机床坐标系中各坐标轴的相互关系。

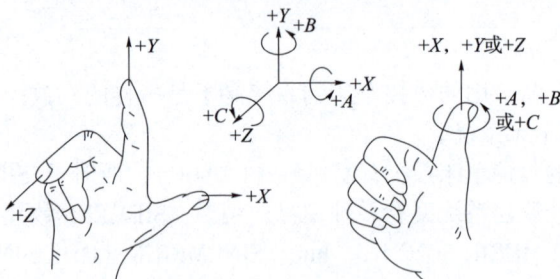

图1-7 笛卡儿坐标系

2. 数控车床相对运动的规定。

在数控车床上,我们始终认为_____是静止的,而_____是运动的。这样编程人员在不考虑车床上工件与刀具具体运动的情况下,就可以依据零件图样,确定数控车床的加工过程。

3. 参考图1-7,回答标准机床坐标系中 X, Y, Z 坐标轴的相互关系。

(1) 伸出右手的大拇指、食指和中指,并互为90°,此时,大拇指代表_____坐标轴,食指代表_____坐标轴,中指代表_____坐标轴。

(2) 如图1-7所示,大拇指的指向为_____坐标轴的正方向,食指的指向为_____坐标轴的正方向,中指的指向为_____坐标轴的正方向。

(3) 如图1-7所示,围绕 X, Y, Z 坐标轴旋转的旋转坐标轴分别用_____,_____,_____表示。根据右手螺旋定则,大拇指的指向为 X, Y, Z 坐标轴中任意轴的_____向,则其余四指的旋转方向即为旋转坐标轴 A, B, C 的_____向。

4. 数控车床坐标系中坐标轴的确定。

（1）如图1-8所示，Z 坐标轴的运动方向是由_____的_____所决定的。与主轴轴线平行的标准坐标轴即为 Z 坐标轴，其_____是增加刀具和工件之间距离的方向。

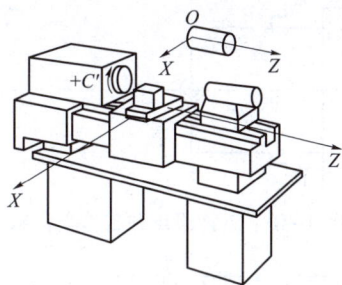

图1-8　卧式数控车床的坐标系

（2）如图1-8所示，X 坐标轴平行于工件的装夹平面，一般在水平面内，它是刀具或工件定位平面内的主要坐标轴。对于数控车床，X 坐标轴的方向是在_____，且平行于横滑座。

（3）如图1-8所示，在确定 X 坐标轴和 Z 坐标轴后，可根据 X 坐标轴和 Z 坐标轴的正方向，按照笛卡儿坐标系来确定 Y 坐标轴及其正方向。

5. 机床坐标系与工件坐标系。

（1）如图1-9所示，机床坐标系是机床上_____的坐标系，是用来确定工件坐标系的基本坐标系，是确定刀具（刀架）或工件（工作台）位置的参考系，其建立在机床原点上。而机床原点一般设定在各坐标轴_____向上的极限位置。

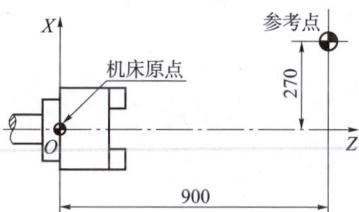

图1-9　机床坐标系

（2）编写零件的加工程序时，由于工件尚未装夹，工件处在机床坐标系中的坐标不能确定，因此，无法使用机床坐标系来表达工件的各点坐标，须在工件上寻找一个参考点作为编程基准，这就必须建立另一个坐标系，称为_____坐标系，又称_____坐标系。

（3）如图1-10所示，工件坐标系是人为设定的，设定的依据既要符合尺寸标注的习惯，又要便于坐标计算和编程。一般工件坐标系的原点最好选择工件的_____、_____或_____位置。

引导问题 4　数控车床的程序是由什么组成的？

1. 数控车床编程的概念及步骤。

数控车床编程就是把零件的_____、加工工艺过程、工艺参数、_____等信息，按照数控车床专用的编程代码编写_____的过程，如图1-11所示。

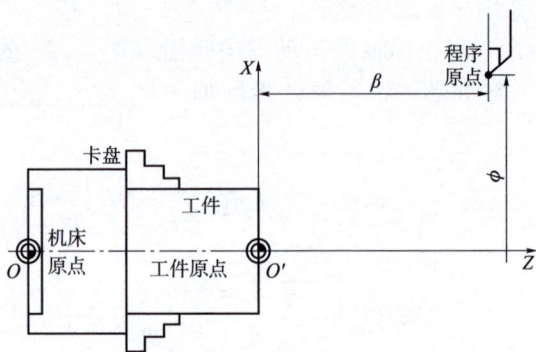

图 1-10 工件原点和工件坐标系

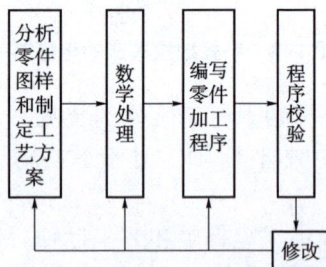

图 1-11 数控车床编程的主要步骤

2. 写出手工编程的优点、缺点。

3. 请查找资料，结合数控车床的工作特点，完成以下编程代码格式及常用代码的相关问题。一个程序段定义一个将由数控车床执行的指令行，并将程序段的格式填写在图 1-12 的横线上。

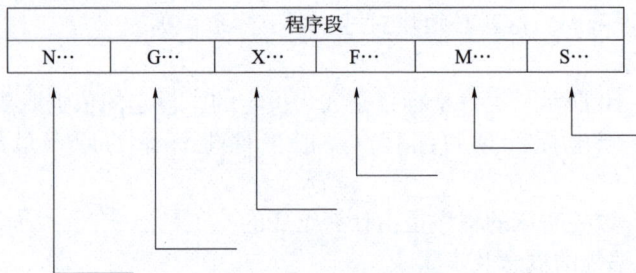

图 1-12 数控车床程序段

4. 根据所学知识，在图 1-13 中填写正确答案。

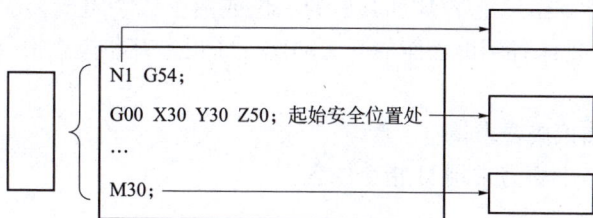

```
          ┌──────────────────────┐      ┌──────────┐
          │                      │─────→│          │
        ┌ │ N1  G54;             │      └──────────┘
        │ │                      │
┌────┐  │ │ G00 X30 Y30 Z50；起始安全位置处│──→┌──────────┐
│    │ ─┤ │                      │      │          │
└────┘  │ │ …                    │      └──────────┘
        │ │                      │
        └ │ M30;                 │─────→┌──────────┐
          │                      │      │          │
          └──────────────────────┘      └──────────┘
```

图 1-13　数控加工程序的构成

5. 常用 G 指令。

（1）准备功能 G 指令由字母 G 及其后的一位或两位数字组成，用来规定刀具和工件的相对运动轨迹、机床坐标系、坐标平面、刀具补偿、坐标偏置等多种加工操作。

G 指令有非模态指令和模态指令两种形式，请正确叙述什么是非模态指令，什么是模态指令。

（2）在表 1-1 中填写常用 G 指令的含义。

表 1-1　常用 G 指令的含义

指令	含义	指令	含义	指令	含义
G00		G20		G57	
G01		G21		G58	
G02		G40		G59	
G03		G41		G71	
G04		G42		G90	
G17		G54		G91	
G18		G55			
G19		G56			

（3）查找资料，根据所学知识填写正确答案。

① 数控车床加工中涉及的坐标系分别是_____和_____。

② 数控车床编程的一般步骤是_____。

③ 主轴功能 S 指令控制主轴_____，其后的数值表示_____，单位为_____。

④ S 指令是_____态指令，S 指令只有在主轴速度可调节时有效。

⑤ F 指令表示工件被加工时刀具相对于工件的_____，F 指令的单位取决于_____。

⑥ 程序段格式为_____。

⑦ G90 指令属于_____模式，在此状态下，工件程序指定的是_____。

⑧ G91 指令属于_____模式，在此状态下，工件程序指定的是_____。

6. 辅助功能 M 指令。

辅助功能 M 指令由地址字 M 和其后的一位或两位数字组成，主要用于控制零件程序的走向，以及机床各辅助功能的开关动作。M 指令有非模态指令和模态指令两种形式。

7. 根据所学知识按要求填空。

（1）在表 1-2 中填写常用 M 指令的含义。

表 1-2　常用 M 指令的含义

指令	含义	指令	含义
M00		M06	
M01		M08	
M02		M09	
M03		M30	
M04		M98	
M05		M99	

（2）辅助功能 M 指令由地址字＿＿＿＿＿＿和其后的一位或两位数字组成，主要用于控制零件程序的走向，以及＿＿＿＿＿＿＿＿＿＿＿＿＿。

引导问题 5　能编写一个简单的数控车床加工程序吗？

请根据插补功能指令的格式及含义填空。

1. G00 指令示例如图 1-14 所示。用 G00 指令定位刀具＿＿＿＿＿＿＿＿＿＿＿＿＿＿到指定的位置。指令形式：＿＿＿＿＿＿＿＿＿＿＿＿＿＿，刀具以各轴独立的快速移动速度定位。

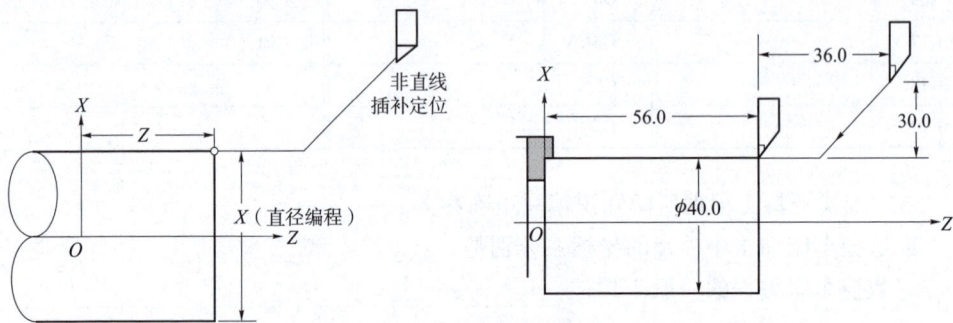

图 1-14　G00 指令示例

注：使用 G00 指令定位时，各轴单独的快速移动速度由机床厂家设定，受快速倍率开关控制（F0，25%，50%，100%），用 F 指令指定的进给速度无效。

根据坐标点尝试编写程序段（直径编程）。

2. 编程示例：用 G01 指令编写图 1-15 所示的 A→B→C 的刀具轨迹。

G01：＿＿＿＿＿＿＿＿＿＿＿＿＿＿＿＿＿＿＿＿＿。

指令格式：＿＿＿＿＿＿＿＿＿＿＿＿＿＿＿＿＿＿＿。

X，Z：＿＿＿＿＿＿＿＿＿＿＿＿＿＿＿＿＿＿＿。

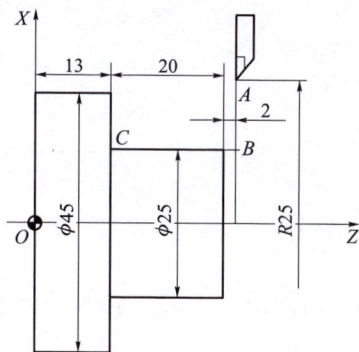

图 1-15　G01 指令应用实例

U，W：_____。

F：_____，单位是每分钟进给量（mm/min）或每转进给量（mm/r）。

利用这条指令可以进行直线插补定位。指令的 X，Z/U，W 分别为移动到位置的绝对坐标值或增量坐标值，由 F 指令指定进给速度，在没有新的指令以前，F 指令一直有效，因此不需要一一指定。

在表 1-3 中填写点的坐标。

表 1-3　点的坐标

坐标点	绝对坐标（直径编程）	相对点	相对坐标（直径编程）
A	（　　　　　）	A→B	（　　　　　）
B	（　　　　　）	B→C	（　　　　　）
C	（　　　　　）	C→D	（　　　　　）

绝对值编程为

增量值编程为

五、工作准备

引导问题 1　数控车床的车刀有几种，以及如何刃磨？

1. 数控车床车刀的种类。

由于工件材料、生产批量、加工精度及数控车床的类型、工艺方案的不同，车刀的种类也异常繁多。根据刀片与刀体的连接、固定方式的不同，车刀主要可分为_____与_____两大类。

2. 车刀的类别和用途。

（1）车刀按被加工表面特征可分为＿＿＿＿＿＿＿＿、＿＿＿＿＿＿＿＿、

＿＿＿＿＿＿＿＿。

（2）车刀按其结构可分为＿＿＿＿＿＿＿＿、＿＿＿＿＿＿＿＿、

＿＿＿＿＿＿＿＿。

（3）车刀按加工方式可分为＿＿＿＿＿、＿＿＿＿＿、＿＿＿＿＿、

＿＿＿＿＿、＿＿＿＿＿等。

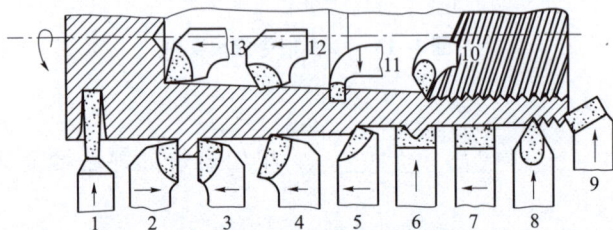

（4）根据图1-16，将车刀的加工类型填写在表1-4中。

图1-16　车刀的加工类型

表1-4　车刀的加工类型

车刀号	加工类型	车刀号	加工类型
1		8	
2		9	
3		10	
4		11	
5		12	
6		13	
7			

3. 根据图1-17，写出车刀几何角度测量的三个平面名称。

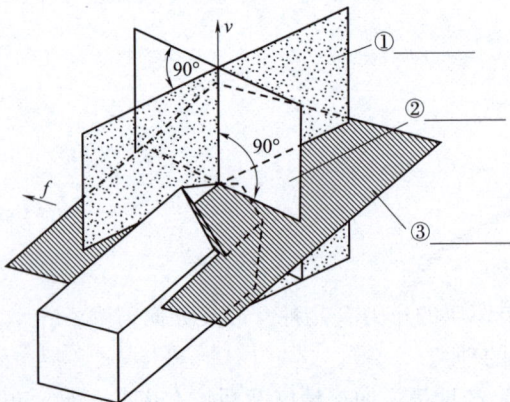

图1-17　车刀几何角度测量的平面

4. 根据图 1-18，写出 90°外圆车刀基本角度的名称并标注角度。

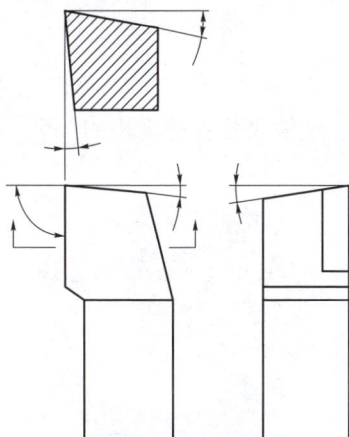

图 1-18　90°外圆车刀的基本角度

5. 查找资料，并根据所学知识，按要求填写表 1-5。

表 1-5　车削加工应用范围

图片				
名称	A_____	B_____	C_____	D_____
图片				
名称	E_____	F_____	G_____	H_____
图片				
名称	I_____	J_____	K_____	L_____

引导问题 2　为了更好地完成销钉的加工，请查阅资料，结合数控车床设备回答相关问题。

1. 三爪卡盘。

三爪卡盘（见图 1-19）是一种专门用于夹持圆形工件的夹具，主要组成部分是底座、_____和支架等，能够夹住各种规格的_____工件，也是数控车床上常用的重要夹具。

图 1-19　三爪卡盘

2. 游标卡尺。

游标卡尺（见图 1-20）是一种测量长度、_____、_____的量具。

常用游标卡尺精度分为 3 种，即_____ mm、_____ mm 和_____ mm。

如图 1-21 所示，此 20 分度游标卡尺的读数为_____。

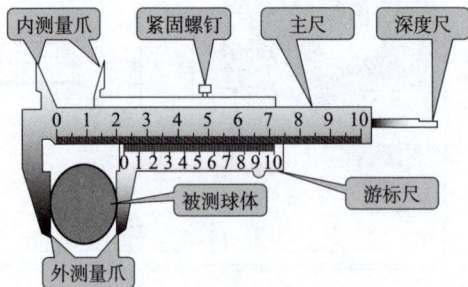

图 1-20　游标卡尺

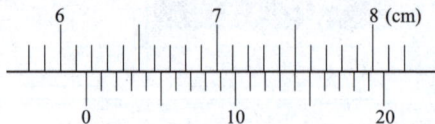

图 1-21　20 分度游标卡尺

引导问题 3　如果数控车床不进行对刀操作可以开始加工吗？如何进行对刀操作？

1. 常用对刀方法。

如图 1-22 所示，数控车床常用的对刀方法有_____对刀（接触式）、_____对刀、_____对刀（非接触式）。

刀具试切法对刀是指_____对刀操作。刀具安装后，先移动刀具手动切削工件右端面，再沿_____退刀，将此时的机床坐标_____输入数控系统，即完成刀具 Z 轴的对刀过程。移动刀具车削外圆后，沿_____退出，测量工件_____，输入所得的数值后按"测量"键，系统会自动完成 X 轴的对刀过程。

2. 对刀步骤。

（1）数控车床开机后，在录入方式下启动主轴，调整 1#刀为当前工作刀具（假设先从 1#刀开始对刀）。

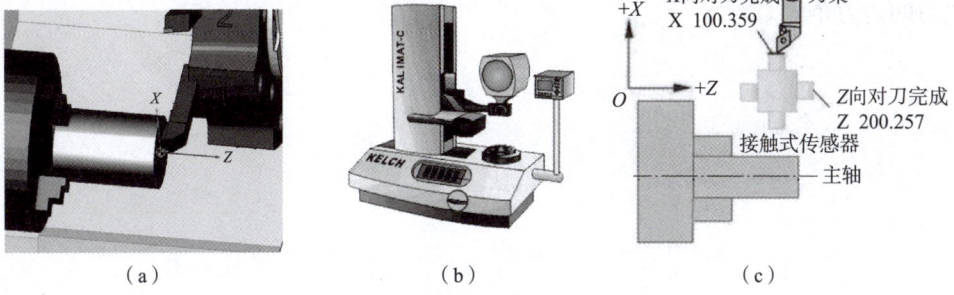

（a）　　　　　　　　　　（b）　　　　　　　　　　（c）

图 1-22　数控车床对刀方法

（a）相对位置检测对刀；（b）机外对刀仪对刀；（c）自动对刀

（2）采用_____方式，按"正转"键，使主轴正转。

（3）按"$-X$""$+X$""$-Z$""$+Z$"方向键移动刀具到_____附近，使刀具在工件_____处试切一段。X轴方向不动，Z轴方向水平移动到_____。按"停止"键，停止主轴，如图 1-23 所示。

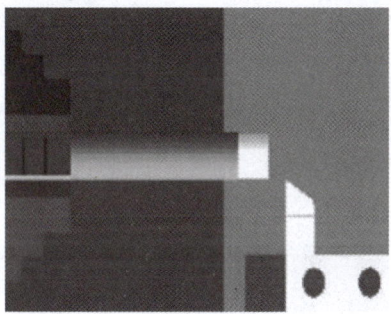

图 1-23　刀具试切工件外圆对刀

（4）用千分尺测量已切削_____，将所测量的数据输入数控系统。

（5）按"$-X$""$+X$""$-Z$""$+Z$"方向键移动刀具，使刀具在工件_____轻轻车一刀，_____方向_____不动，_____方向垂直移动到安全位置，如图 1-24 所示，停止主轴，工件的试切长度归零。

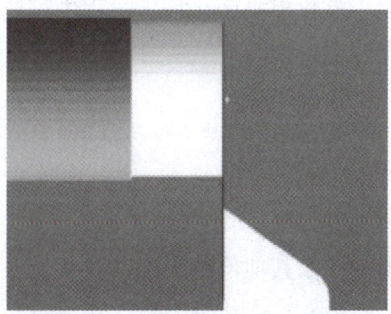

图 1-24　刀具试切工件端面对刀

（6）按步骤（1）~（5），可以对 2#刀、3#刀、4#刀……进行对刀，请尝试表述 2# 刀的对刀步骤。

3. 按照试切法，完成工件的对刀操作填空。

（1）对刀的定义：_____。

（2）对刀点的定义：_____，对刀点又称起刀点，是加工程序的起点。通过找正刀具与一个在工件坐标系中有确定位置的点，来确定_____的相互位置关系。

（3）请写出对刀点位置的确定原则。

（4）对刀点的选择。

对刀点可选在工件上，也可选在_____，但必须与工件的定位基准（相当于工件坐标系）有准确的尺寸关系，这样才能确定工件坐标系与机床坐标系的关系。当对刀精度要求较高时，对刀点应尽量选择在_____。

（5）换刀点的概念。

由于数控车床、加工中心等数控机床在加工过程中需要换刀，因此，在编程时应考虑选择合适的换刀点。换刀点是指_____。该点可以是某一固定点，也可以是任意一点。

（6）换刀点的选择。

换刀点的位置应根据_____的原则而定。换刀点往往是固定的点，且应设在_____的地方，以刀架转位时不会碰到工件及其他部位为准。

引导问题 4 数控车削加工除了采用 G01 指令外，还有其他方式吗？

1. 外圆粗车复合循环指令 G71 的格式及含义。

G71 指令适用于棒料毛坯外圆的粗车，用来切除毛坯的较大余量。

（1）编程格式。

G71 U(Δd) R(r) P(ns) Q(nf) X(Δx) Z(Δz) F(f) S(s) T(t)

（2）参照图 1-25，正确写出指令含义的注解。

Δd：_____。

r：_____。

ns：_____。

nf：_____。

Δx：_____。

Δz：_____。

f：_____。

s：_____。

t：_____。

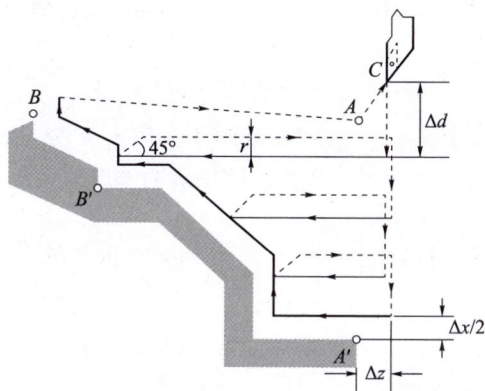

图 1-25　无凹槽内/外径粗车复合循环路径

2．录入方式的应用。

（1）当前刀位处在 1#刀位，如果一次性从 1#刀换位到 4#刀，需要如何操作？

（2）在录入方式下，需要数控车床以 500 r/min 的转速正转，需要如何操作？

（3）在录入方式下，需要数控车床以直线插补的方式，沿 X 轴正方向移动 50 mm，再沿 Z 轴负方向移动 50 mm，可以如何操作？

（4）能否同时完成以下操作：机床换刀到 3#刀，以 800 r/min 的转速反转，机床以直线插补的方式，沿 X 轴负方向移动 30 mm，沿 Z 轴正方向移动 80 mm？需要如何操作？

3. 查阅资料完善数控车床安全操作规程。

（1）进入车间必须穿戴好规定的_____，车床加工时不准戴_____，长发必须戴_____，不准将头发_____，不准穿_____鞋，不准戴首饰。

（2）操作者应根据数控车床"_____"的要求，熟悉本车床的_____和_____，禁止超性能使用。

（3）数控车床开机前，操作者必须清理好现场。_____和_____不允许放置工具、工件及其他杂物，上述物品必须放在指定位置。

（4）数控车床开机前，操作者应按机床使用说明书的规定给相关部位_____，并检查油标、油量。

（5）数控车床开机时应遵循_____（特殊要求除外）、手动、点动、自动的原则。车床运行应遵循_____、中速、_____的原则，其中低速、中速运行时间不得少于_____分钟。当确定无异常情况后，方可开始工作。

（6）操作数控车床必须遵循_____守则和_____守则。

（7）严禁在卡盘上、顶尖间_____工件，必须确认_____和_____夹紧后方可进行下一步工作。

（8）操作者在工作时更换_____、_____、调整工件或_____时，必须使数控车床停止转动。

（9）数控车床上的_____和_____，操作者不得任意拆卸和移动。

（10）数控车床开始加工之前必须采用_____，检查所用程序是否与被加工零件相符，待确认无误后，方可关好_____，开动数控车床进行零件加工。

（11）_____、_____和刀具应妥善保管，保持完整与良好，_____或_____需照价赔偿。

（12）实训完毕后应_____，保持清洁，将_____和_____移至数控车床尾部，并_____。

（13）数控车床在工作中发生故障或出现不正常现象时应立即_____，保护现场，同时立即报告_____。

（14）操作者严禁修改_____，必要时必须通知_____，请设备管理员修改。

（15）了解零件图的技术要求，检查毛坯_____、_____有无缺陷。选择合理的零件安装方法。

（16）正确选用数控_____，安装_____和_____要保证准确牢固。

（17）了解和掌握数控车床控制和_____及其操作要领，将程序准确地输入系统，并模拟检查、试切，做好加工前的各项准备工作。

（18）在校实习加工过程中，如果发现车床运转声音不正常或出现故障，要立即_____并报告_____，以免出现危险。

4. 根据上面的数控车床安全操作规程，分析下面的案例。

（1）某同学在操作数控车床时，将加力杆放在主轴箱上面。请问该同学是否违反了安全操作规程？违反了哪一条？

（2）某同学在操作数控车床时，将工具、量具随便乱放。请问该操作是否有利于工作？违反了安全操作规程里的哪一条？

（3）同学们想一想，身边是否有人员在操作数控车床时因为玩手机而发生安全事故的案例？玩手机对操作车床有怎样的危害？能否在操作数控车床时玩手机呢？

六、计划与实施

引导问题1 销钉加工的加工步骤是什么？

1. 工步顺序安排原则。

工步是在加工表面（或装配时的连接面）和加工（或装配）工具、主轴转速及进给量不变的情况下连续完成的那一部分作业。写出数控车床加工划分工步一般应遵循的八项原则。

（1）_____。

（2）_____。

（3）_____。

（4）_____。

（5）_____。

（6）_____。

（7）_____。

（8）_____。

2. 查找资料，并根据所学知识，回答下列问题。

（1）根据图 1-2 所示的销钉零件图，结合任务工作表（见表 1-6），根据加工要求，考虑现场的实际条件，各小组成员共同分析、讨论并确定合理的销钉加工计划，将其填写在表 1-7 中。

表 1-6　销钉任务工作表

零件名称	销钉	材料	45#钢	毛坯尺寸	φ40 mm×45 mm
任务描述	加工如图所示零件，保证零件的外圆尺寸、长度尺寸和表面粗糙度。通过完成本任务，让学生学会如何控制外圆尺寸和零件长度				
任务内容	1. 学习相关理论知识和编程指令； 2. 编写加工程序并进行仿真加工； 3. 完成零件加工，控制加工尺寸				
指令应用	G00，G01，G71 指令				

表 1-7　销钉加工计划

序号	图示	加工内容	尺寸精度	注意事项	备注
					二维码 1
					二维码 2
					二维码 3
					二维码 4
					二维码 5
					二维码 6
					二维码 7
					二维码 8

二维码 1
销钉-工件装夹

二维码 2
销钉-建立工件坐标系

二维码 3
销钉-外圆粗车削

二维码 4
销钉-外圆精车削

二维码 5
销钉-切槽粗精加工

二维码 6
销钉-调头装夹

二维码 7
销钉-调头外圆粗车削

二维码 8
销钉-调头外圆精车削

（2）总结小组内及小组间对销钉加工计划的评价和改进建议。

（3）指导教师的评价与结论。

（4）各小组根据加工计划，完成工量刃具、设备和材料的准备工作，并填写表1-8。

表1-8　工量刃具、设备和材料的准备

序号	工量刃具、设备和材料的名称	要求	数量

引导问题2　如何编写销钉的加工程序？

1. 根据图1-26的要求，分析零件加工方法并确定加工所用指令。

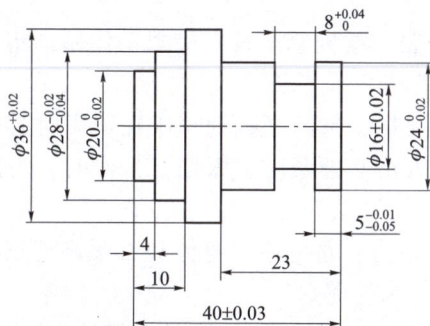

图1-26　销钉零件图

2. 工件的装夹方式有哪些？

3. 确定数控加工工序, 填写表 1-9。

表 1-9　数控加工工序卡

工序号	工序内容	刀具	切削用量		
			背吃刀量/mm	主轴转速/(r·min⁻¹)	进给速度/(mm·r⁻¹)

4. 使用复合循环指令编写数控车床加工程序, 将数控程序填写在表 1-10 中。

表 1-10　复合循环指令编写数控车床加工程序

程序	说明

5. 安全提示。

（1）工作时应穿工作服、戴袖套。长发应戴工作帽, 将长发塞入帽子里。禁止穿裙子、短裤和凉鞋操作车床。

（2）为防止切屑崩碎飞散, 封闭型数控车床在使用时必须关闭防护门。操作半开放式数控车床时, 工作人员必须戴防护眼镜。工作时, 头部不能靠近工件加工区域, 以防切屑伤人。

（3）工作时必须集中精力, 避免手、身体和衣服靠近正在旋转的机件, 如车床主轴、工件、带轮、皮带、齿轮等。

（4）工件和车刀必须装夹牢固, 否则可能飞出造成伤害。

（5）在装卸工件、更换刀具、测量加工表面或变换速度时, 必须先停机, 再进行调整。

（6）数控车床运转时, 不得用手触摸刀具及加工区域。严禁用棉纱擦拭转动的工件。

（7）使用专用铁钩清除切屑, 严禁用手直接清除。

（8）操作数控车床时不得戴手套。

（9）不得随意拆装电气设备, 以免发生触电事故。

（10）数控车床工作过程中若发现机床、电气设备有故障，要及时上报，由专业人员检修，数控车床故障未修复时不得使用。

七、总结与评价

引导问题 1　如何检测自己加工的销钉零件？

1. 将检测结果填写在销钉零件评分表 1-11 中，并进行评分。

表 1-11　销钉零件评分表

学生姓名			学生学号			总时间			
项目名称		销钉加工		图号		SCXS01-01-01	总成绩		

	序号	配分/分	评分项	公称尺寸/mm	上偏差/mm	下偏差/mm	上极限尺寸/mm	下极限尺寸/mm	实际尺寸/mm	得分/分
尺寸及形位公差	1	8	直径	36	0.02	0	36.02	36		
	2	8		28	-0.02	-0.04	27.98	27.96		
	3	10		20	0	-0.02	20	19.98		
	4	10		24	0	-0.02	24	23.98		
	5	8		16	0.02	-0.02	16.02	15.98		
	6	8	长度	8	0.04	0	8.04	8		
	7	10		5	-0.01	-0.05	4.99	4.95		
	8	8		40	0.03	-0.03	40.03	39.97		

	序号	配分/分	评分项		情况记录				得分/分
主观评判	1	5	零件加工要素完整度						
	2	5	零件损伤（振纹、夹伤、过切）						
	3	5	端面情况						

	序号	配分/分	规范要求		情况记录				得分/分
职业素养	1	2	工具、量具、刀具分区摆放						
	2	2	工具摆放整齐、规范、不重叠						
	3	1	量具摆放整齐、规范、不重叠						
	4	1	刀具摆放整齐、规范、不重叠						
	5	1	防护佩戴规范						
	6	1	工服、工帽、工鞋穿戴规范						
	7	1	加工后清理现场、清洁及其他						
	8	1	现场表现						

	序号	配分/分	评分项		情况记录				得分/分
其他	1	5	是否更换毛坯						

2. 请根据表1-11填写技术总结表1-12。

表1-12 技术总结表

技术总结		
学生总结		教师评价
存在的问题	改进方向	
学生姓名	日期	

引导问题2 能否针对本项目所学的知识进行自我评价与总结？

1. 填写销钉零件加工学习效果自我评价表1-13。

表1-13 销钉零件加工学习效果自我评价表

序号	学习任务内容	学习效果			备注
		优秀	良好	较差	
1	了解所用的数控车床吗？它有哪些零部件				
2	数控车床的系统是否一样？数控车床系统有几种				
3	数控车床的坐标系是如何确定的				
4	数控车床的程序是由什么组成的				
5	能够编写一个简单的数控车加工程序				
6	数控车床的车刀有几种，以及如何刃磨				
7	如果机床不进行对刀操作可以开始加工吗？如何对刀				
8	数控车削加工除了采用G01指令外，还有其他方式吗				
9	销钉加工的加工步骤是什么				
10	如何编写销钉的加工程序				

2. 总结不足与需要改进的地方。

（1）通过以上检测，分析自己所加工零件的不足及解决办法。

（2）写出在操作数控车床过程中存在的问题和以后需要改进的地方。

八、拓展训练

引导问题 1 你知道下列有关数控机床产生和发展的历史吗？

1. 数控机床的产生。

随着社会生产和科学技术的不断进步，各类工业新产品层出不穷。机械制造产业作为国民工业的基础，其产品更是日趋精密、复杂，特别是航空、航海、军事等领域所需的机械零件，精度要求更高，形状更为复杂且往往批量较小。加工这类产品需要经常改装或调整设备，普通机床或专业化程度不够高的自动化机床显然无法适应这些要求。同时，随着市场竞争的日益加剧，企业生产也迫切需要进一步提高其生产效率，提高产品质量及降低生产成本。

为解决上述这些问题，一种灵活、通用、高精度、高效率的"＿＿＿＿＿＿＿＿＿"自动化生产设备——数控机床就应运而生了。

数控机床（numerical control machine tool）是用数字代码形式的信息（程序指令）控制刀具，按给定的工作程序、运动速度和＿＿＿＿＿＿＿＿＿进行自动加工的机床。

2. 数控机床的发展。

数控机床具有广泛的＿＿＿＿＿＿＿＿＿性，加工对象改变时只需要改变输入的程序指令；其加工性能比一般自动机床高，可以精确加工＿＿＿＿＿＿＿＿＿面，因而适合于加工＿＿＿＿＿＿＿、＿＿＿＿＿＿＿、＿＿＿＿＿＿＿、形状又较复杂的工件，并能获得良好的经济效果。随着数控技术的发展，采用数控系统的机床品种日益增多，有车床、铣床、镗床、钻床、磨床、齿轮加工机床和电火花加工机床等；此外还有能自动换刀、一次装卡进行多工序加工的加工中心、车削中心等。

1948 年，美国帕森斯公司接受美国空军委托，研制飞机螺旋桨叶片轮廓样板的加工设备。由于样板形状复杂多样，精度要求高，一般加工设备难以适应，于是提出了使用计算机控制机床的设想。1949 年，该公司在美国麻省理工学院（MIT）伺服机构研究室的协助下，开始数控机床研究，并于＿＿＿＿＿＿＿＿＿年成功试制出第一台由大型立式仿形铣床改装而成的＿＿＿＿＿＿＿＿＿，不久后开始正式生产。

当时的数控装置采用电子管元件，体积庞大，价格昂贵，只在航空工业等少数有特殊需要的部门用来加工复杂型面零件。1959 年，晶体管元件和印刷电路板的问世，使数控装置进入了第＿＿＿＿＿＿＿＿＿代，体积＿＿＿＿＿＿＿＿＿，成本有所下降；1960年以后，较为简单和经济的点位控制数控钻床和直线控制数控铣床得到较快发展，使数控机床在机械制造业获得逐步推广。

1965 年，出现了第三代的集成电路数控装置，它不仅体积小、功率消耗少，且可靠性提高，价格进一步下降，促进了数控机床品种和产量的发展。_____世纪_____年代末，先后出现了由一台计算机直接控制多台机床的直接数控（direct numerical control，DNC）系统，又称_____系统；采用小型计算机控制的计算机数控（简称_____）系统，使数控装置进入了以小型计算机化为特征的第四代。

1974 年，使用_____和_____的微型计算机数控装置（MNC）研制成功，这是第五代数控系统。第五代与第三代相比，数控装置的功能有很大提升，而体积则缩小为原来的 1/20，价格降低了 3/4，可靠性也得到极大的提高。

20 世纪 80 年代初，随着计算机软、硬件技术的发展，出现了能进行人机对话式自动编制程序的数控装置。数控装置更趋小型化，可以直接安装在机床上；数控机床的自动化程度进一步提高，具有_____破损和_____工件等功能。数控机床主要由数控装置、伺服机构和机床主体组成。输入数控装置的程序指令记录在信息载体上并由程序读入装置接收，或由数控装置的键盘直接手动输入。

引导问题 2 你知道轴类零件的测量方法和注意事项吗？

1. 测量方法的解释。

（1）游标卡尺的测量方法。

（2）外径千分尺的测量方法。

2. 在测量轴类零件时，注意事项有哪些？

3. 测量误差产生的原因有哪些？

引导问题3 图 1-27 所示为数控车床传动系统，数控车床与普通车床相比有什么不同？

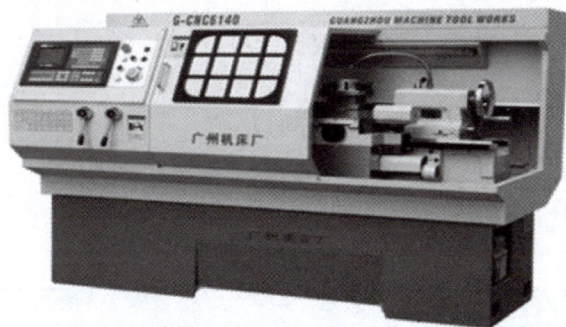

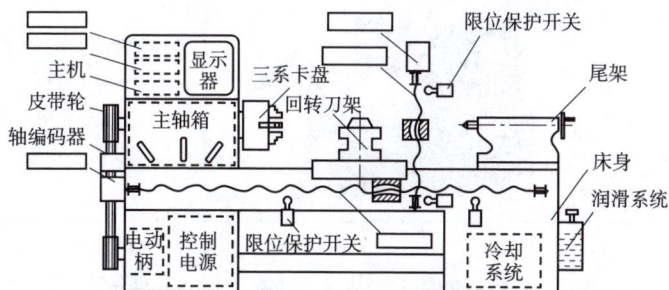

图 1-27　数控车床传动系统

1. 如图 1-27 所示，与普通车床相比，数控车床增加了哪些部件？

2. 如图 1-27 所示，与普通车床相比，数控车床保留了哪几个部件？其形状发生了哪些变化？

引导问题4 数控机床是如何分类的？查询相关资料，回答问题。

1. 按机床的运动轨迹分类，数控机床可以分为＿＿＿＿＿＿、＿＿＿＿＿＿和＿＿＿＿＿＿。

2. 按伺服系统的控制方式分类，数控机床可以分为＿＿＿＿＿＿、＿＿＿＿＿＿和＿＿＿＿＿＿。

3. 按数控系统功能水平分类，数控机床可以分为＿＿＿＿＿＿、＿＿＿＿＿＿和＿＿＿＿＿＿。

4. 查询相关资料，填写数控车床的分类表1-14。

表 1-14　数控车床的分类

种类	名称	图示	备注
按主轴的位置分类	＿＿＿＿		卧式数控车床分为数控＿＿＿＿＿导轨卧式车床和数控＿＿＿＿＿导轨卧式车床。其导轨结构可以使数控车床具有＿＿＿＿＿＿，并易于＿＿＿＿＿＿
	＿＿＿＿		简称数控立车，其车床主轴垂直于＿＿＿＿＿＿，一个直径很大的圆形工作台用来装夹工件。这类车床主要用于＿＿＿＿＿＿的大型复杂零件
按刀架数量分类	＿＿＿＿		数控车床一般都配置有各种形式的＿＿＿＿＿＿，如＿＿＿＿＿＿刀架或＿＿＿＿＿＿刀架
	＿＿＿＿	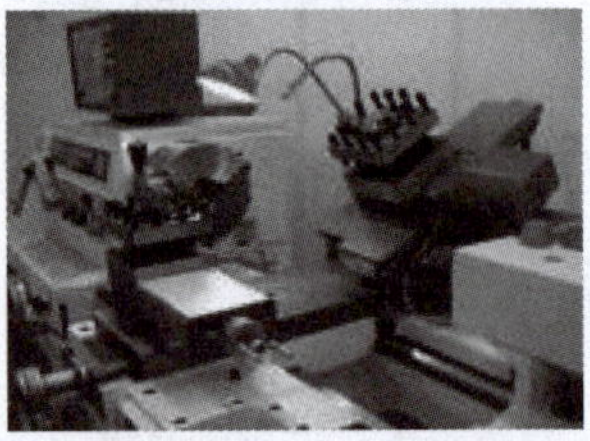	＿＿＿＿＿＿数控车床的双刀架配置＿＿＿＿＿＿分布，也可以是相互＿＿＿＿＿＿分布
按功能分类	＿＿＿＿	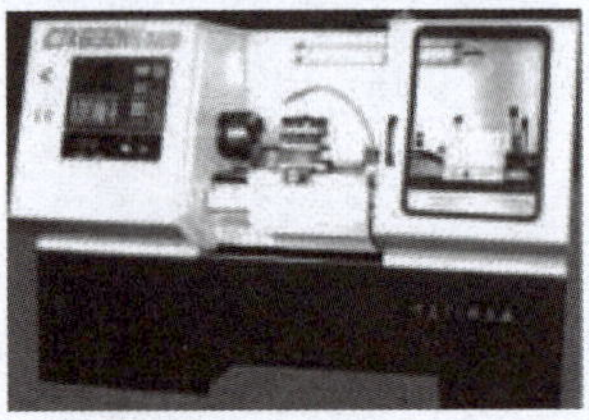	采用＿＿＿＿＿＿和＿＿＿＿＿＿对普通车床的＿＿＿＿＿＿进行改造后形成的＿＿＿＿＿＿，成本＿＿＿＿＿＿，但自动化程度和功能都比＿＿＿＿＿＿，车削加工精度也＿＿＿＿＿＿，适用于＿＿＿＿＿＿要求不高的回转类零件的车削加工

种类	名称	图示	备注
按功能分类	_____		_____根据车削加工要求在结构上进行_____并配备通用数控系统而形成的数控车床，数控系统_____，自动化程度和加工精度也比_____，适用于一般回转类零件的车削加工。这种数控车床可控制两个坐标轴，即_____
	_____		车削加工中心在普通数控车床的基础上，增加了_____和_____，更高级的数控车床带有刀库，可控制三个坐标轴，联动控制轴可以是（X，Z）、（X，C）或（Z，C）。由于增加了C轴和铣削动力头，因此这种数控车床的加工功能大大增强，除可以进行一般车削外还可以进行_____、曲面铣削、中心线不在零件回转中心的孔和径向孔的钻削等加工

引导问题 5 请根据图 1-28 所示的零件图，制定零件加工工艺和编程，并进行加工和评分。

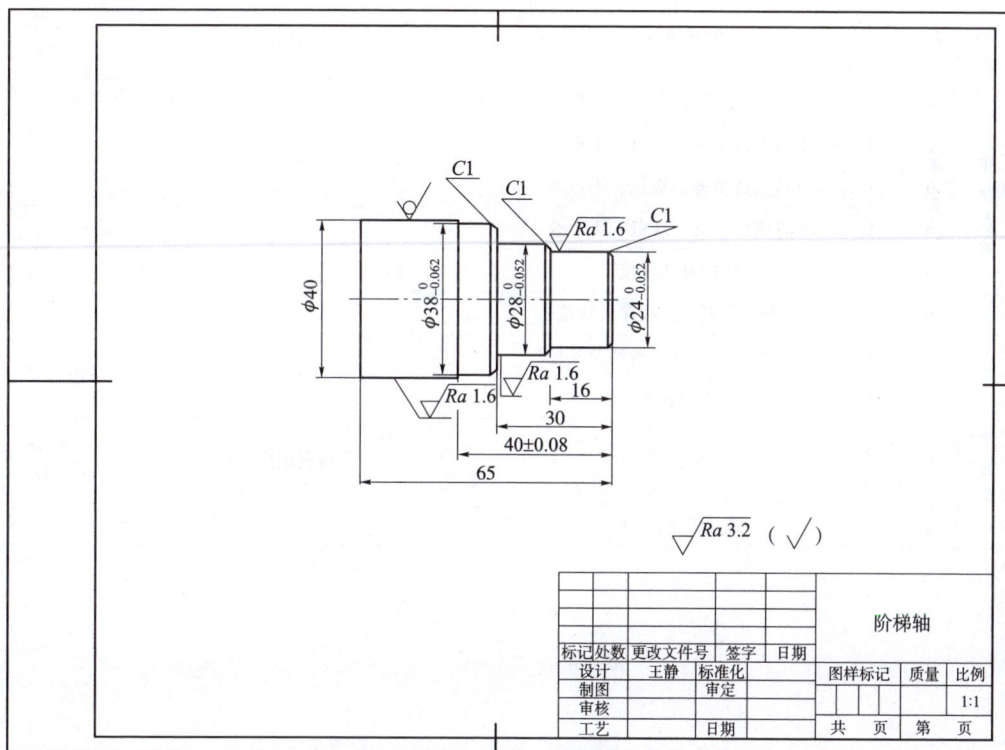

图 1-28 阶梯轴零件图

填写阶梯轴零件评分表1-15。

表1-15 阶梯轴零件评分表

学生姓名			学生学号			总时间			
项目名称		阶梯轴加工	图号			总成绩			

	序号	配分/分	评分项	公称尺寸/mm	上偏差/mm	下偏差/mm	上极限尺寸/mm	下极限尺寸/mm	实际尺寸/mm	得分/分
尺寸及形位公差	1	10	直径	24	0	−0.052				
	2	10		28	0	−0.052				
	3	10		38	0	−0.062				
	4	8		40						
	5	8	长度	16						
	6	8		30						
	7	8		40	0.08	−0.08				
	8	8		65						

	序号	配分/分	评分项	情况记录	得分/分
主观评判	1	5	零件加工要素完整度		
	2	5	零件损伤（振纹、夹伤、过切）		
	3	5	倒角情况		

	序号	配分/分	规范要求	情况记录	得分/分
职业素养	1	2	工具、量具、刀具分区摆放		
	2	2	工具摆放整齐、规范、不重叠		
	3	1	量具摆放整齐、规范、不重叠		
	4	1	刀具摆放整齐、规范、不重叠		
	5	1	防护佩戴规范		
	6	1	工服、工帽、工鞋穿戴规范		
	7	1	加工后清理现场、清洁及其他		
	8	1	现场表现		

	序号	配分/分	评分项	情况记录	得分/分
其他	1	5	是否更换毛坯		

项目二 传动轴的加工

一、项目描述

传动轴是典型的车削加工零件，也是"1+X"技能等级考试的常见类型样题。它在汽车、航空器、发电厂、输送机、风力涡轮机等多个领域有着广泛应用，主要用于传输动力和扭矩的机械装置。传动轴零件是旋转体零件，其长度大于直径，一般由同心轴的外圆柱面、圆锥面、内孔和螺纹及相应的端面组成。轴类零件的加工训练，主要完成外圆、槽、螺纹、圆弧和圆锥等的加工训练，同时还要学会外圆、槽和螺纹等的尺寸控制方法，为后期学习更复杂的零件加工打好基础。

本项目加工的传动轴毛坯材料为45#钢，尺寸为 ϕ50 mm×80 mm。传动轴零件外形如图 2-1 所示，传动轴零件图如图 2-2 所示。加工完成后，需要保证零件的螺纹尺寸、圆弧尺寸、槽尺寸、外圆尺寸、长度尺寸和表面粗糙度。通过完成本项目，学生学会控制螺纹和圆弧的尺寸，并加强槽、外圆和长度的尺寸控制。

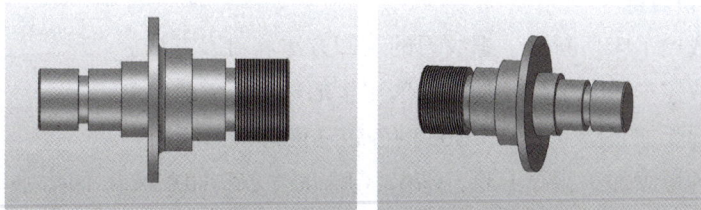

图 2-1 传动轴零件外形

二、职业素养

敬业是实现中国梦的动力之源。何为敬业？古人云："忠其事，乐其业，则不虑于民，不乱其乡。"若每个人无论职业平凡与否，都忠于职守，并在其中寻找乐趣，就能在平凡的岗位做出不平凡的业绩，就能使人民得享天伦、社会富足安康。

三、学习目标

（一）素质目标

1. 培养学生爱岗敬业的社会主义核心价值观。
2. 具有节约成本、分类处理生产垃圾的意识。
3. 具有较强的质量意识、效率意识，能够按时完成工作任务。
4. 具有团结协作能力、良好的人际关系和沟通、协调能力。

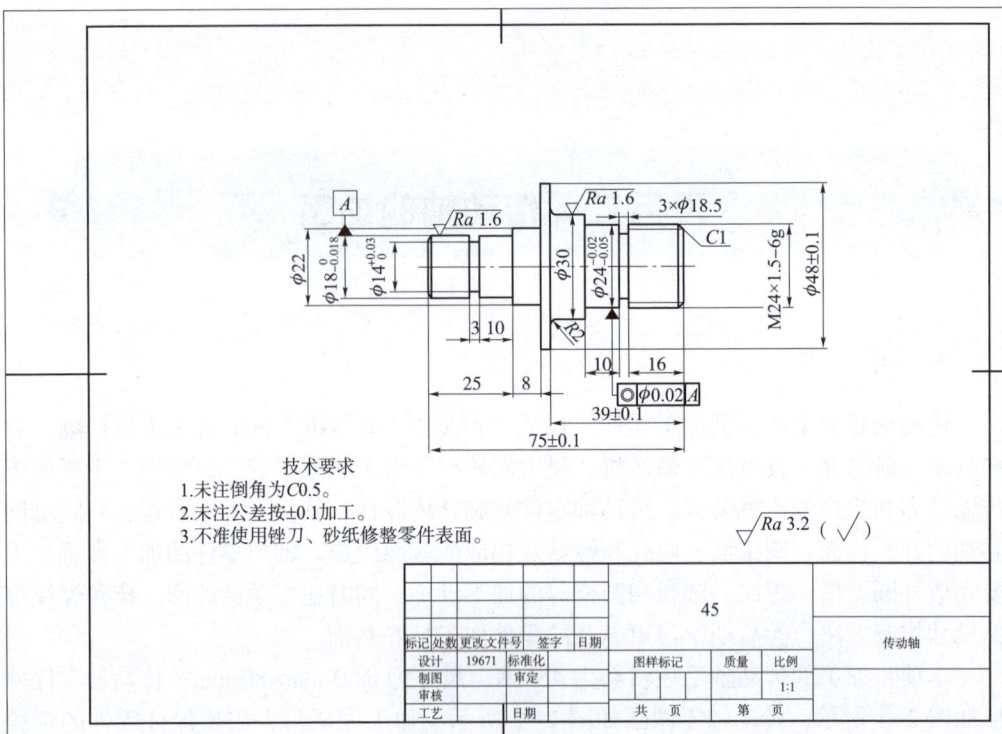

技术要求
1.未注倒角为C0.5。
2.未注公差按±0.1加工。
3.不准使用锉刀、砂纸修整零件表面。

$\sqrt{Ra\,3.2}$ ($\sqrt{}$)

						45			传动轴
标记	处数	更改文件号	签字	日期					
设计	19671	标准化			图样标记		质量	比例	
制图		审定						1:1	
审核									
工艺		日期			共 页		第 页		

图 2-2 传动轴零件图

(二) 知识目标

1. 掌握数控车床切断刀、螺纹刀的装卸方法和对刀方法。

2. 掌握数控车床车削螺纹加工切削用量的选择。

3. 掌握圆弧加工指令 G02，G03 的参数功能意义及应用。

4. 掌握各螺纹加工指令 G32，G76，G82 的参数功能意义及不同点。

5. 掌握数控车刀刀尖圆弧半径补偿指令 G41，G42 功能。

6. 掌握每转进给 G95 和每分钟进给 G94 指令使用方法。

7. 了解螺旋测微器、螺纹规，并掌握使用方法。

8. 掌握数控车床日常保养常见项目和方法。

(三) 能力目标

1. 熟练操作数控车床，具有能够读懂并处理简单报警的能力。

2. 根据不同的加工需求，合理选取加工材料、刀具、量具、夹具。

3. 根据加工圆弧所在平面，正确应用 G02，G03 指令。

4. 根据加工螺纹，合理选用 G32，G76，G82 指令，完成螺纹程序的编写。

5. 具备应用刀尖圆弧半径补偿指令 G41，G42 的能力。

6. 熟练选用编程指令，具备合理应用切削三要素的能力。

7. 具有产品质量检测及质量控制的基本能力。

8. 具有数控车床日常维护保养及点检的能力。

四、知识储备

引导问题 1　如何保养所用的数控车床？

1. 按照规范对机床进行操作和维护、保养。

（1）遵循各不同实训场地的安全规定，要_____，衣袖口要扎紧，衬衫要系入裤内。女同学要_____，并将发辫塞入帽内。

（2）开动数控车床前，要检查数控车床电气控制系统是否正常、润滑系统是否畅通、油质是否良好，并按规定要求加足润滑油，检查各传动部件是否正常，确认_____，才可正常使用。

（3）操作者在机台标示危险区域或使用范围附近_____杜绝一切不安全的行为。

（4）机器完全停止前，禁止用手_____任何转动的零件，禁止拆卸零件或更换材料。

（5）机械上的零件及防护装置，禁止_____，若有必要的维修作业，作业后必须复原。

（6）严禁戴_____操作机器，避免误触其他开关造成危险。

（7）禁止用_____的手触摸开关，避免短路及触电。

2. 试列举属于违规的操作（不少于 3 个例子）。

3. 根据平时使用的数控车床，详述日常保养的要求。

引导问题 2　如何正确应用圆弧插补指令 G02，G03 进行编程？

1. 用下面指令，刀具可以沿着圆弧运动。

半径方式指定圆心位置：G02/G03　X（U）____Z（W）____R____F____。

矢量方式指定圆心位置：G02/G03　X（U）____Z（W）____I____K____F____。

填写表 2-1，写出各指令的含义。

表 2-1　指令的含义

指令（代码）	含义
G02	
G03	
X，Z	
U，W	
I，K	
R	
F	

注：1. I0，K0 可以省略。

2. X，Z 同时省略表示终点和起点是同一位置，用 I，K 指令分别表示圆心相对于圆弧起点的坐标时，轨迹为 360° 的圆弧。

3. 刀具实际移动速度与指令速度的误差在 ±2% 以内，其中指令速度是刀具沿着补偿后的圆弧的运动速度。

4. I，K 和 R 指令同时使用时，R 指令有效，I，K 指令无效。

2. 顺时针圆弧与逆时针圆弧的判别。

顺时针和逆时针是在右手直角坐标系中，对于 XZ 平面，从 Y 轴的正方向往负方向看而言的，如图 2-3 所示，对顺时针圆弧与逆时针圆弧进行判别。

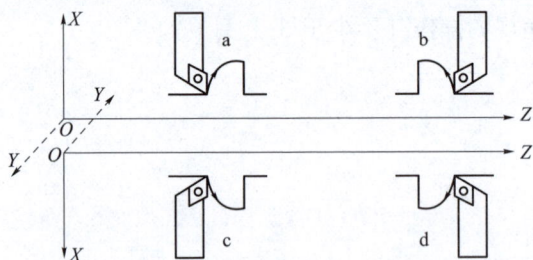

图 2-3　顺时针圆弧与逆时针圆弧的判别

a—_____；b—_____；c—_____；d—_____

3. 编程示例：毛坯为 φ35 mm×50 mm 的 45#钢。注意，两端圆弧交点的坐标是 $X=24$，$Z=-24$。将图 2-4 所示的轨迹分别用绝对值方式和增量方式进行编程。

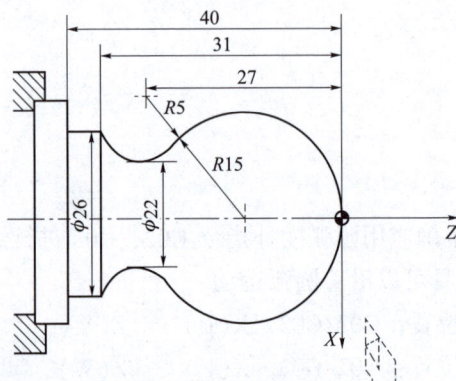

图 2-4　编程轨迹

引导问题 3 如何正确应用 G32 指令进行螺纹车削？

1. 螺纹编程指令。

华中数控系统的螺纹加工基本指令是_____。该指令用于螺纹切削加工，所示的运动为 A→B，而从起点下刀至 A 点、由 B 点退刀和返回起点这三个动作仍需用 G00 或 G01 指令在程序中另外指定。螺纹切削加工轨迹如图 2-5 所示。

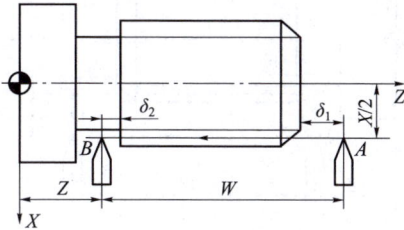

图 2-5　螺纹切削加工轨迹

（1）指令格式：G32 X（U）__Z（W）__R__E__P__F__。

（2）指令含义解释如下。

（X，Z）：是绝对值编程，指_____（图 2-5 所示的 B 点为走刀终点，A 点为走刀起点）。

（U，W）：是相对值编程，指_____。

（R，E）：指_____。

P：_____。

F：_____。

2. 螺纹编程指令运用注意事项。

（1）由于数控车床伺服系统滞后，主轴加速和减速过程中，会在螺纹切削起点和终点产生不正确的导程。因此，在进刀和退刀时要_____，即螺纹切削的起点与终点位置比实际螺纹要长。

（2）螺纹车削加工为_____车削，且切削进给量较大，刀具强度较差，一般要求_____进给加工，要清楚每一个走刀动作的路径。

3. 编程示例。

应用 G32 指令，根据三角螺纹的特点，参照图 2-6 所示的零件要求，制定加工方案，编制加工程序。

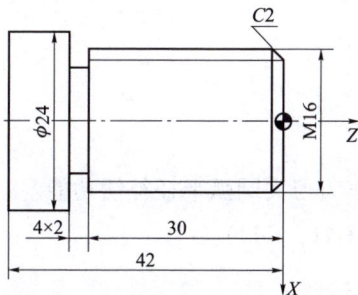

图 2-6　编程示例的零件要求

引导问题 4 是否有比 G32 指令更好用的车削螺纹的指令？

螺纹切削循环指令 G82，可进行圆柱螺纹或锥螺纹的加工，其特点是刀具从循环起点 A 出发，以快进方式运动到切削起点 B，再以进给速度 F 加工至切削终点 C，然后以相同的速度退刀至退刀点 D，最后以快进方式返回循环起点 A，如图 2-7 所示。

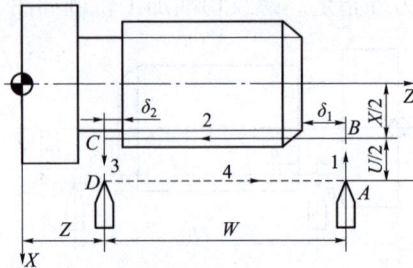

图 2-7 螺纹切削循环指令 G82 的进给路线

1. 指令格式：G82 X(U)__Z(W)__R__E__I__C__F__。

2. G82 指令含义解释如下。

(X, Z)：是绝对值编程，指_____（图 2-7 所示的 D 点为走刀终点，A 点为走刀起点）。

(U, W)：是相对值编程，指_____。

(R, E)：指_____。

I：_____。

C：_____。

F：_____。

3. 编程示例：应用 G82 指令，参照图 2-6 所示的零件要求，根据三角螺纹的特点，制定加工方案，编制加工程序。

引导问题 5 如何使用车刀刀尖圆弧半径补偿功能？

1. 刀尖圆弧半径补偿（G41，G42）。

（1）功能如图 2-8 所示。

（2）请根据补偿方式（见图 2-9）写出相应的指令格式。

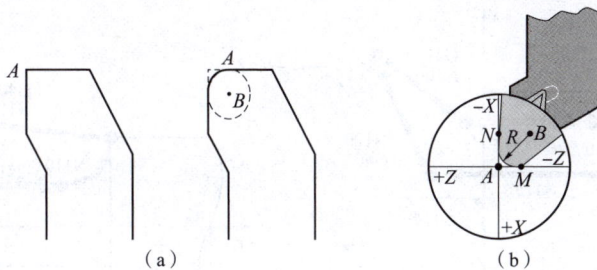

图 2-8　功能

（a）理想刀尖；（b）实际刀尖

A—刀具理想切削点；*B*—刀尖圆弧圆心；

M—外圆加工切削点；*N*—端面加工切削点

G41：_____。

G42：_____。

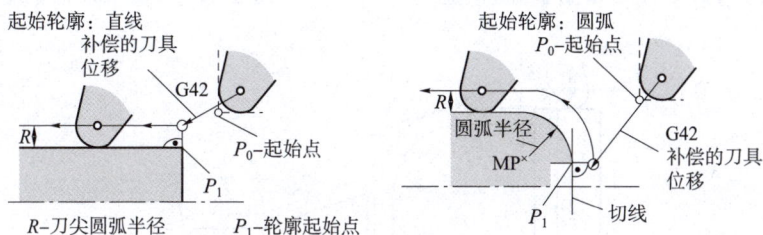

图 2-9　补偿方式

（3）结合功能说明，请回答下列问题。

G41/G42 指令的选择与_____、_____及刀具类型有关。

只有在线性插补 G00/G01 指令使用时才可以进行 G41/G42 指令的选择。也就是说，G41/G42 指令需与_____成对使用。

通常情况下，在 G41/G42 程序段之后紧接着工件轮廓的_____。但轮廓描述可以由其中某一个没有位移参数（如只有 M 指令）的程序段中断。

在编程时特别要避免内角过渡时轮廓位移小于_____，在两个相连内角处轮廓位移小于_____。

2. 取消刀尖圆弧半径补偿（G40）。

（1）功能描述如下。

用 G40 指令取消刀尖圆弧半径补偿，此状态是编程开始时所处的状态。

（2）按照图 2-10、图 2-11，填写指令格式。

G40：_____。

G40 指令与 G41/G42 指令一样，只有在线性插补_____情况下才可以取消补偿运行。

3. 编程举例

编程轮廓如图 2-12 所示。

请在表 2-2 中填写程序及相关说明。

图 2-10   G41/G40 指令编程轨迹

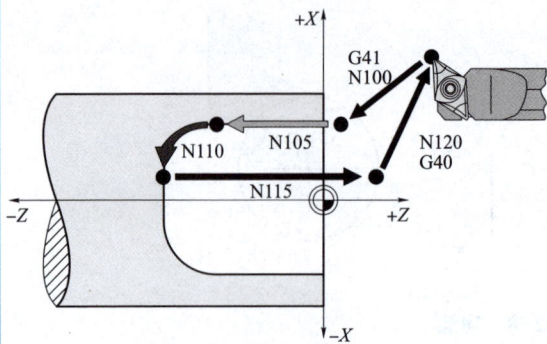

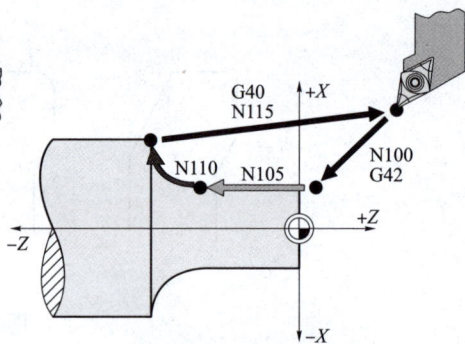

```
N100 G41 G00 X··· Z···
N105 G01 Z-··· F···
N110 G03 X··· Z-··· R
N115 G00 Z···
N120 G40 G00 X··· Z···
```

图 2-11   G42/G40 指令编程轨迹

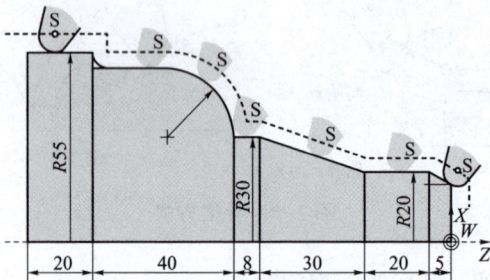

```
N100 G42 G00 X··· Z···
N105 G01 Z-··· F···
N110 G02 X··· Z-··· R···
N115 G40 G00 X··· Z···
```

图 2-12   编程轮廓

表 2-2   程序及相关说明

程序	说明

引导问题 6   如何区分每转进给和每分钟进给？

进给功能指令介绍如下。

F 功能指令即进给功能，用于指定加工中的进给速度，进给速度可以是_____的进给量，也可以是_____的进给量。

1. 每转进给模式：指令由 G95 和字母 F 及其后的数值组成。指令格式为_____。

该指令中字母 F 后的数值为主轴每转一转刀具的进给量（mm·r⁻¹）。数控车床上电后，初始状态为 G95 指令执行状态，要取消 G95 指令执行状态，必须重新指定 G94 指令。每转进给模式在数控车床上应用较多，其含义如图 2-13 所示。

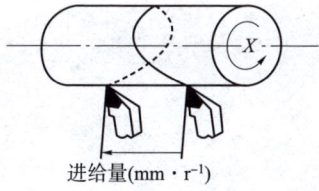

图 2-13　每转进给模式

2. 每分钟进给模式：指令由 G94 和字母 F 及其后的数值组成。指令格式为_____。

G94 指令执行后，系统将保持 G94 指令执行状态，直至系统又执行含有 G95 指令的程序段。此时 G94 指令便被否定，而 G95 指令将发生作用。该指令字母 F 后的数值为刀具每分钟的进给量（mm·min⁻¹），其含义如图 2-14 所示。

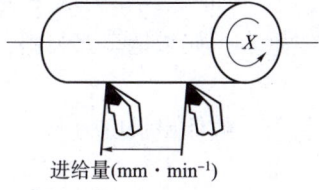

图 2-14　每分钟进给模式

五、工作准备

引导问题 1　机械夹固式可转位车刀由哪几部分组成？

机械夹固式可转位车刀由以下 4 种元件组成，如图 2-15 所示。刀片每边都有切削刃，当某切削刃磨损钝化后，只需松开夹紧元件，将刀片旋转一个位置便可继续使用，请填写 4 组元件的名称。

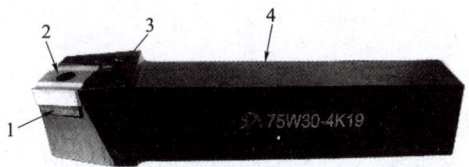

图 2-15　机械夹固式可转位车刀

1—_____; 2—_____; 3—_____; 4—_____

引导问题 2　如何正确安装螺纹车刀并对刀？

1. 螺纹车刀的安装技巧。

（1）确定中心高。

安装螺纹车刀时，刀尖位置一般应对准_____。

螺纹车刀刀尖要与车床_____等高，一般可根据尾座顶尖高度进行调整和检查，如图2-16所示。如果是高速车削螺纹，为防止车削时产生振动和扎刀，外螺纹车刀刀尖也可以高于工件中心0.1~0.2 mm，必要时可采用弹性刀柄螺纹车刀。

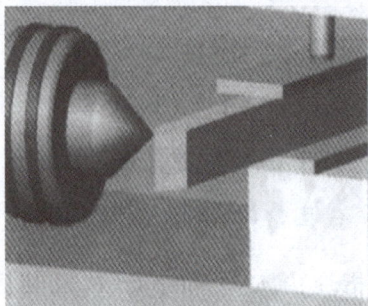

图2-16　对准中心高

（2）校准刀尖角。

车刀刀尖角的对称中心线必须与_____垂直。装刀时可用_____来对刀（见图2-17）。使用螺纹对刀样板，校正螺纹车刀的安装位置，确保螺纹车刀的两刀尖半角的对称中心线与工件轴线垂直。如果把车刀装斜，就会产生_____。

（3）车刀伸出长度。

螺纹车刀伸出刀架不宜过长，一般伸出长度为_____，如图2-18所示。

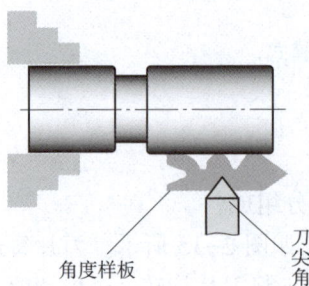

角度样板　　刀尖角

图2-17　刀尖垂直工件轴线

刀头伸出不宜过长

图2-18　螺纹车刀伸出长度

2. 螺纹车刀的对刀方法。

加工螺纹时尺寸的控制跟工件外圆尺寸的控制有一定的区别，所以在螺纹车刀对刀时允许存在小范围的偏差。对刀时可以通过目测把螺纹车刀刀尖对准_____的交点处，如图2-19所示，然后录入刀具半径补偿值时可以把_____的刀具半径补偿值同时输入，如图2-20所示。

引导问题3　为什么车削工件时会出现工件飞出的现象？

1. 工件定位的基本原理。

工件的六个自由度如图2-21所示，请根据图2-21回答以下问题。

（1）定位支承点是_____抽象而来的。

（2）定位支承点与工件定位基准面始终保持接触，才能起到约束_____的作用。

（3）在分析定位支承点的定位作用时，不考虑_____的影响。

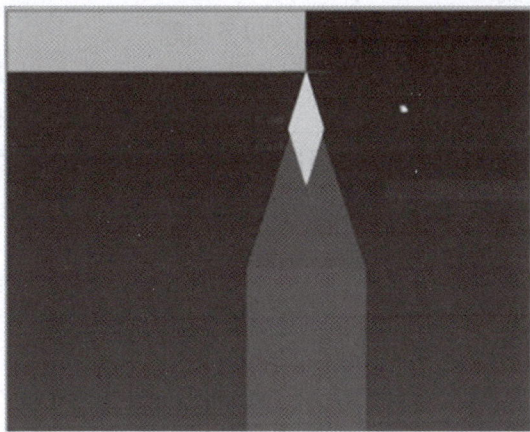

图 2-19　对刀

图 2-20　录入刀具半径补偿值

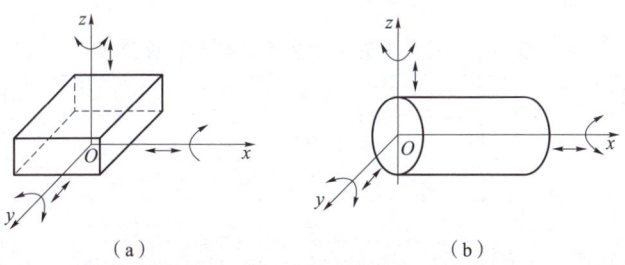

图 2-21　工件的六个自由度

（a）非回转体；（b）回转体

2. 夹紧装置的组成。

夹紧装置的组成如图 2-22 所示，回答以下问题。

（1）动力源装置是产生_____的装置，分为_____和_____两种。

（2）传力机构是介于动力源和_____之间传递动力的机构。

（3）夹紧元件是直接与工件接触完成夹紧作用的_____元件。

（4）写出图 2-22 中标记的三个零件的名称：_____、_____、_____。

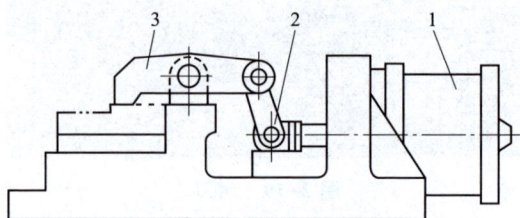

图 2-22　夹紧装置的组成

3. 工件定位与夹紧装置的方案如何确定？

引导问题 4　螺纹的基本知识是什么？

1. 三角形外螺纹主要参数如图 2-23 所示，完成计算公式的填写（见表 2-3）。

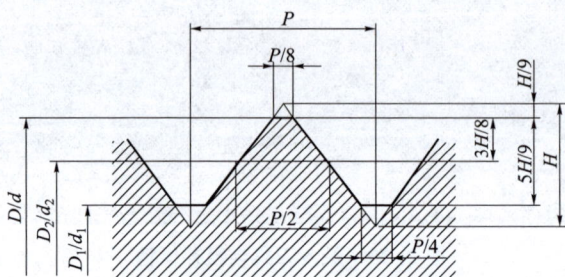

图 2-23　三角形外螺纹主要参数

表 2-3　三角形外螺纹主要参数及计算公式

参数名称	代号	计算公式
牙型角	α	
螺距	P	
螺纹大径	d	
螺纹中径	d_2	
牙型高度	h_1	
螺纹小径	d_1	

2. 车螺纹外圆柱面及螺纹实际小径的确定。

车塑性材料螺纹，车刀起挤压作用，会使外径胀大，故车螺纹外圆柱面直径应比螺纹公称直径（螺纹大径）_____。

螺纹实际牙型高度考虑刀尖圆弧半径等因素的影响，螺纹实际小径为_____。

3. 切削螺纹进刀方式的选择（见表2-4），写出特点及应用。

表 2-4　切削螺纹进刀方式

进刀方式	图示	特点及应用
直进法		
斜进法		
左右切削法		

4. 进刀次数及背吃刀量的分配。

采用直进法进刀，刀具越接近螺纹牙底，切削_____；为避免切削力过大而损坏刀具，背吃刀量应_____，如图2-24所示。

用硬质合金刀具，为保证螺纹表面质量，最后一刀背吃刀量一般不能小于_____。

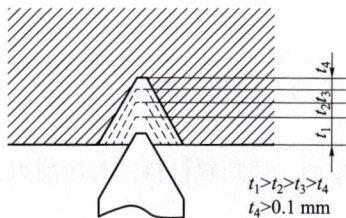

$t_1 > t_2 > t_3 > t_4$
$t_4 > 0.1 \text{ mm}$

图 2-24　车螺纹背吃刀量的分配

5. 常见螺纹的进给次数及背吃刀量见表2-5。

表2-5 常见螺纹的进给次数及背吃刀量（米制螺纹）　　　　单位：mm

螺距		1.0	1.5	2	2.5	3	3.5	4
牙深（半径量）		0.649	0.974	1.299	1.624	1.949	2.273	2.598
切削次数及背吃刀量（直径量）	1次	0.7	0.8	0.9	1.0	1.2	1.5	1.5
	2次	0.4	0.6	0.6	0.7	0.7	0.7	0.8
	3次	0.2	0.4	0.6	0.6	0.6	0.6	0.6
	4次		0.16	0.4	0.4	0.4	0.6	0.6
	5次		0.1	0.4	0.4	0.4	0.4
	6次				0.15	0.4	0.4	0.4
	7次					0.2	0.2	0.4
	8次						0.15	0.3
	9次							0.2

6. 刀具的选择。

外圆加工选用90°偏刀车削，外沟槽加工用切槽刀切削，螺纹选用_____切削，如图2-25所示。

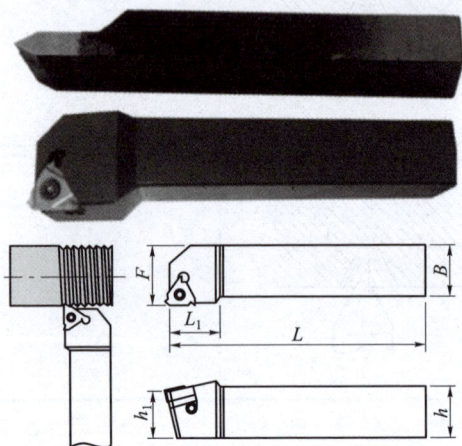

图2-25　外螺纹车刀形状

引导问题5 车刀各个角度在车削过程中的作用是什么？

车刀各个角度的作用如下。

1. 刀具前角的作用。

（1）前角的影响：_____。

（2）正前角大：切削刃锋利，前角每增加1°，切削功率减少1%，刀刃强度下降，用于切削_____。

（3）负前角大：切削力增加，切削硬材料，需切削刃强度大，以适应_____、切削_____的加工条件。

2. 主偏角的作用是改变主切削刃的受力及导热能力，影响切削的厚度。

（1）主偏角的影响：进给量相同时，主偏角大的情况下，刀片与切削接触的长度增加，切削厚度变薄，_____；主偏角小的情况下，分力也随之增加，加工细长轴时，_____。主偏角小，切削处理性能变差，切削厚度变薄，切削宽度增加，_____。

（2）大主偏角用于切削深度_____、切削_____、机床刚性差的场合。

（3）小主偏角用于_____、切削温度高、大直径零件的_____、机床刚性高的场合。

3. 后角的作用是减少车刀与后刀面的摩擦。

（1）后角的影响：后角大_____。

（2）小后角用于_____。

（3）大后角用于_____。

4. 副偏角的作用。

副偏角具有减少已加工表面与刀具摩擦的功能，一般为 5°~15°。

副偏角的影响：副偏角小，切削刃强度增加，但刀尖易发热；副偏角小，背向力增加，切削时易产生振动；粗加工时_____；而精加工时_____。

5. 刃倾角的作用。

刃倾角是前刀面倾斜的角度。重切削时，切削开始点的刀尖上要承受很大的冲击力，为防止刀尖受此力而发生脆性损伤，故需有刃倾角，推荐车削时刃倾角角度为_____。

6. 刀尖圆弧半径的作用。

刀尖圆弧半径对刀尖的强度及加工表面粗糙度影响很大，一般适宜值选择为给量的 2~3 倍。

（1）刀尖圆弧半径的影响：刀尖圆弧半径大，_____，刀具前、后面磨损减小；刀尖圆弧半径过大，_____，切削处理性能恶化。

（2）刀尖圆弧半径小，用于切削的_____、细长轴加工、机床刚性差的场合。

（3）刀尖圆弧半径大，用于需要刀刃强度高的黑皮切削、_____、机床刚性好的场合。

六、计划与实施

引导问题 1　螺纹的检测方法有哪些？

1. 塞规：测量内螺纹尺寸正确性的工具，如图 2-26 所示。

使用方法如下。

（1）先预测被测孔的_____，将最接近被测孔直径的塞规找出，并试着插入被测孔。

（2）如果能插入被测孔，则将_____插入试装，直到塞规不能插入被测孔，比此塞规小一个规格的塞规标值，即为此孔的_____。

（3）如果不能插入被测孔，则将小一个规格的塞规插入被测孔试装，直到能插入的一个塞规，此塞规的标值即为被测孔的直径。

图 2-26　塞规

2. 环规：用于测量外螺纹尺寸的正确性，一件为通规，一件为止规，如图 2-27 所示。止规的外圆柱面上有凹槽。

使用方法：使用环规检测产品时要遵守"通规通、止规止"的准则。

（1）通规不过（拧不过去），螺纹中径大了，产品_____。

（2）止规通过，中径小了，产品_____。

（3）通规可以在螺纹的任意位置转动自如，止规拧 1~3 圈，可能有时还能多拧 1~2 圈，但螺纹头部没出环规端面就拧不动了，这时说明检测的外螺纹中径正好在公差范围内，是_____的产品。

图 2-27　环规

3. 螺距规：测量螺纹螺距的工具，如图 2-28 所示。

使用方法：螺距规上标有螺距的标识，将螺距规放在被测螺纹上，能达到相互吻合且没有间隙的就是合适的，此时查看一下螺距规上的螺距数，该螺距数就是被测螺纹的螺距。

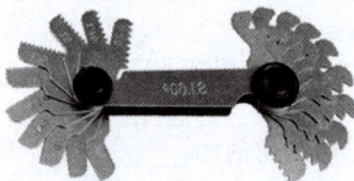

图 2-28　螺距规

引导问题 2　如何制定车削外螺纹零件的加工工艺？

1. 车削加工工艺制定的基本原则。

2. 查找资料，并根据所学知识，回答下列问题。

（1）根据加工要求，考虑现场的实际条件，各小组成员共同分析、讨论并确定合理的传动轴零件加工计划，填写在表 2-6 中。

学习笔记

表 2-6　传动轴零件加工计划

序号	图示	加工内容	尺寸精度	注意事项	备注

（2）总结小组内及小组间对加工计划的评价和改进建议。

（3）指导教师的评价与结论。

（4）各小组根据加工计划，完成工量刃具、设备和材料的准备工作，并填写表 2-7。

表 2-7 工量刃具、设备和材料的准备

序号	工量刃具、设备和材料的名称	要求	数量

引导问题 3 如何编写传动轴的加工程序？

1. 根据零件图 2-29 的要求，编写传动轴零件加工程序。

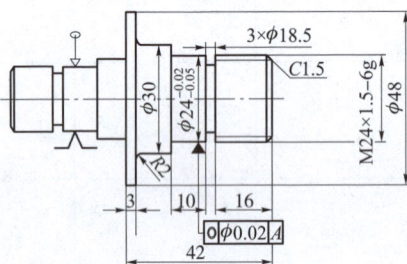

图 2-29 传动轴零件图

2. 机械加工工艺过程卡（提供）。

机械加工工艺过程卡见表 2-8。

表 2-8 机械加工工艺过程卡

零件名称	传动轴	机械加工工艺过程卡		毛坯种类	棒料	共 1 页
				材料	45#钢	第 1 页
工序号	工序名称	工序内容			设备	工艺装备
100	备料	备料 ϕ50 mm×80 mm，材料为 45#钢				
200	数车	车左端端面，粗、精车外圆 ϕ22 mm、$\phi18_{-0.018}^{0}$ mm、ϕ48 mm、C0.5 倒角、3 mm 槽至图样要求			CAK6140	三爪卡盘
300	数车	掉头工件，校正同轴度在 0.02 mm 之内			CAK6140	三爪卡盘
400	数车	车右端端面，保证长度 75 mm，粗、精车右端外圆 ϕ48 mm、ϕ30 mm、$\phi24_{-0.05}^{-0.02}$ mm、C1.5 倒角、螺纹 M24×1.5-6g、3 mm 槽至图样要求			CAK6140	三爪卡盘
500	钳	锐边倒钝，去毛刺			钳台	台虎钳
600	清洗	用清洁剂清洗零件				
700	检验	按图样尺寸检验				
编制/日期					审核/日期	

3. 根据零件图 2-2，确定数控加工工序，填写传动轴数控加工工序卡表 2-9、表 2-10。

表 2-9　传动轴数控加工工序卡 1

零件名称	传动轴	数控加工工序卡		工序号	200	工序名称	数车	共 1 页
								第 1 页
材料	45#钢	毛坯尺寸	$\phi50$ mm×80 mm	机床设备	CAK6140	夹具		三爪卡盘

传动轴-外圆
粗车削

传动轴-外圆
精车削

工步号	工步内容	刀具规格	刀具材料	量具名称	背吃刀量/mm	进给量/(mm·min^{-1})	主轴转速/(r·min^{-1})
1							
2							
3							
4							
5							
备注	刀具与量具选用清单指定，切削参数是参考值，可以根据实际加工环境进行调整						
编制		日期		审核		日期	

表 2-10　传动轴数控加工工序卡 2

零件名称	传动轴	数控加工工序卡		工序号	400	工序名称	数车	共 1 页
								第 1 页
材料	45#钢	毛坯尺寸	$\phi50$ mm×80 mm	机床设备	CAK6140	夹具		三爪卡盘

传动轴-调头
外圆粗车削

工步号	工步内容	刀具规格	刀具材料	量具名称	背吃刀量/mm	进给量/(mm·min^{-1})	主轴转速/(r·min^{-1})
1							
2							
3							
4							
5							

工步号	工步内容	刀具规格	刀具材料	量具名称	背吃刀量/mm	进给量/(mm·min⁻¹)	主轴转速/(r·min⁻¹)
6							
7							
备注	刀具与量具选用清单指定，切削参数是参考值，可以根据实际加工环境进行调整						
编制		日期		审核		日期	

4. 数控加工刀具卡。

传动轴数控加工刀具卡见表2-11。

表2-11　传动轴数控加工刀具卡

零件名称	传动轴		数控加工刀具卡			
工序名称	数车		设备名称	数控车床	设备型号	CAK6140
工步号	刀具号	刀具名称	刀杆规格/mm	刀具材料	刀尖圆弧半径/mm	备注
	T0101					
	T0202					
	T0303					
编制		审核		批准		共　页

5. 数控加工程序单

传动轴数控加工程序单见表2-12。

表2-12　传动轴数控加工程序单

数控加工程序单		产品名称		零件名称	传动轴	共1页
		工序号	300	工序名称	数车	第1页
序号	程序编号	工序内容	刀具	切削深度（相对最高点)/mm	备注	
1	O1001					
2						
3						
4						
5						

装夹说明：

1. 装夹位置为 $\phi18$ mm 的外圆；

2. 用百分表校正 $\phi48$ mm 外圆，保证其同轴度在 0.02 mm 之内

传动轴-调头装夹

编制/日期		审核/日期	

6. 编写数控加工程序。

将数控加工程序填写至表2-13、表2-14中。

表2-13 数控车削左端程序

程序	说明

表2-14 数控车削右端程序

程序	说明

7. 安全提示。

（1）工作时应穿工作服、戴袖套。长发应戴工作帽，将长发塞入帽子里。禁止穿裙子、短裤和凉鞋操作车床。

（2）为防止切屑崩碎飞散，封闭型数控车床在使用时必须关闭防护门。操作半开放式数控车床时，工作人员必须戴防护眼镜。工作时，头部不能靠近工件加工区域，以防切屑伤人。

（3）工作时必须集中精力，避免手、身体和衣服靠近正在旋转的机件，如车床主轴、工件、带轮、皮带、齿轮等。

（4）工件和车刀必须装夹牢固，否则可能飞出造成伤害。

（5）在装卸工件、更换刀具、测量加工表面及变换速度时，必须先停机，再进行调整。

（6）数控车床运转时，不得用手触摸刀具及加工区域。严禁用棉纱擦拭转动的工件。

（7）使用专用铁钩清除切屑，严禁用手直接清除。

（8）操作数控车床时不得戴手套。

（9）不得随意拆装电气设备，以免发生触电事故。

（10）工作中若发现机床、电气设备有故障，要及时上报，由专业人员检修，故障未修复时不得使用。

七、总结与评价

引导问题 1 如何检测自己加工的传动轴零件？

1. 将检测结果填写在传动轴零件评分表 2-15 中，并进行评分。

表 2-15　传动轴零件评分表

学生姓名				学生学号			总时间		
项目名称	传动轴加工			图号			总成绩		
尺寸及形位公差	序号	配分/分	评分项	公称尺寸/mm	上偏差/mm	下偏差/mm	上极限尺寸/mm	下极限尺寸/mm	实际尺寸/mm	得分/分

	序号	配分/分	评分项	公称尺寸/mm	上偏差/mm	下偏差/mm	上极限尺寸/mm	下极限尺寸/mm	实际尺寸/mm	得分/分
尺寸及形位公差			直径	18	0	-0.018	18	17.982		
	1	12	直径	24	-0.02	-0.05	23.98	23.95		
	2	12	直径	48	0.1	-0.1	48.1	47.9		
	3	12	长度	39	0.1	-0.1	39.1	38.9		
	4	12	长度	75	0.1	-0.1	75.1	74.9		
	5	12	螺纹	24						
	6	10								

	序号	配分/分	评分项		情况记录				得分/分
主观评判	1	5	零件加工要素完整度						
	2	5	零件损伤（振纹、夹伤、过切）						
	3	5	倒角、去毛刺情况						

	序号	配分/分	规范要求		情况记录				得分/分
职业素养	1	2	工具、量具、刀具分区摆放						
	2	2	工具摆放整齐、规范、不重叠						
	3	1	量具摆放整齐、规范、不重叠						
	4	1	刀具摆放整齐、规范、不重叠						
	5	1	防护佩戴规范						
	6	1	工服、工帽、工鞋穿戴规范						
	7	1	加工后清理现场、清洁及其他						
	8	1	现场表现						

	序号	配分/分	评分项		情况记录				得分/分
其他	1	5	是否更换毛坯						

2. 填写传动轴零件加工技术总结表2-16。

表2-16 技术总结表

技术总结		
学生总结		教师评价
存在的问题	改进方向	
学生姓名		日期	

引导问题 2 能否针对本项目所学的知识进行自我评价与总结？

1. 填写传动轴零件加工学习效果自我评价表2-17。

表2-17 传动轴零件加工学习效果自我评价表

序号	学习任务内容	学习效果			备注
		优秀	良好	较差	
1	如何正确安装螺纹车刀并对刀				
2	为什么车削工件时会出现工件飞出的现象				
3	是否有比 G32 指令更好用的车削螺纹的指令				
4	如何使用车刀刀尖圆弧半径补偿功能				
5	螺纹的基本知识是什么				
6	如何制定车削外螺纹零件的加工工艺				
7	如何区分每转进给和每分钟进给				
8	如何编写传动轴的加工程序				

2. 总结不足与需要改进的地方。

（1）通过以上检测，分析自己所做零件的不足及解决办法。

（2）写出在操作过程中存在的问题和需要改进的地方。

八、拓展训练

1. 数控车床的日常维护和保养。

数控车床集机、电、液于一身，具有技术密集和知识密集的特点，是一种自动化程度高、结构复杂且昂贵的先进加工设备。为了充分发挥其效益，减少故障的发生，必须做好日常维护工作，所以数控车床维护人员不仅要有机械、加工工艺以及液压气动方面的知识，也要具备电子计算机、自动控制、驱动及测量技术等知识，这样才能全面了解、掌握数控车床，及时搞好维护工作。主要的维护与保养工作如下。

（1）选择合适的使用环境。数控车床的使用环境（如温度、湿度、振动、电源电压、频率及干扰等）会影响机床的正常运转，所以在安装机床时应符合机床说明书规定的安装条件和要求。在经济条件许可的条件下，应将数控车床与普通机械加工设备隔离安装，以便维修与保养。

（2）应为数控车床配备数控系统编程、操作和维修的专门人员。这些人员应熟悉所用机床的机械部分、数控系统、强电设备、液压、气压等部分及使用环境、加工条件等，并能按照机床和系统使用说明书的要求正确使用数控车床。

（3）长期闲置不用的数控车床的维护与保养。在数控车床闲置不用时，应经常使数控系统通电，在机床的锁定情况下，使其空运行。在空气湿度较大的梅雨季节应该天天通电，利用电器元件本身发热驱散数控电柜内的潮气，以保证电子部件的性能稳定、可靠。

（4）数控系统中硬件控制部分的维护与保养。每年让有经验的维修电工检查一次，检测有关的参考电压是否在规定范围内，如电源模块的各路输出电压、数控单元的参考电压等，若电压不正常，则需清除灰尘；检查系统内各电器元件连接是否松动；检查各功能模块使用风扇运转是否正常并清除灰尘；检查伺服放大器和主轴放大器使用的外接式再生放电单元的连接是否可靠，并清除灰尘；检测各功能模块使用的存储器后备电池的电压是否正常，一般应根据厂家的要求定期更换。对于长期停用的机床，应每月开机运行 4 h，这样可以延长数控机床的使用寿命。

（5）机床机械部分的维护与保养。操作者在每班加工结束后，应清扫干净散落于拖板、导轨等处的切屑；在工作时注意检查排屑器是否正常，以免造成切屑堆积，损坏导轨精度，危及滚珠丝杠与导轨的寿命；在工作结束后，应将各伺服轴回归原点后停机。

（6）机床主轴电动机的维护与保养。维修电工应每年检查一次伺服电动机和主轴电动机。着重检查其运行噪声、温升，若噪声过大，则应查明原因。判断是轴承等机械问题，还是与其相配的放大器的参数设置问题，并采取相应措施加以解决。对于直流电动机，应对其电刷、换向器等进行检查、调整、维修或更换，使其工作状态良好。检查电动机端部的冷却风扇运转是否正常并清扫灰尘；检查电动机各连接插头是否松动。

（7）机床进给伺服电动机的维护与保养。对于数控车床的伺服电动机，每 10~12 个月进行一次维护保养，加速或减速变化频繁的机床要每 2 个月进行一次维护保养。维护保养的主要内容：用干燥的压缩空气吹除电刷的粉尘，检查电刷的磨损情况，如需更换，则需选用规格相同的电刷，更换后要空载运行一定时间使其与换向器表面吻合；检查清扫电枢整流子防止短路；装有测速电动机和脉冲编码器时，也要进行检查和清扫；数控车床中的直流伺服电动机每年应至少检查一次，一般应在数控系统断电并且电动机已完全冷却的情况下进行检查；取下橡胶刷帽，用螺钉旋具刀拧下刷盖取出电刷；测量电刷长度，如 FANUC 直流伺服电动机的电刷由 10 mm 磨损到小于 5 mm 时，必须更换同一型号的电刷；仔细检查电刷的弧形接触面是否有深沟和裂痕，以及电刷弹簧上是否有打火痕迹。如有上述现象，则要考虑电动机的工作条件是否过分恶劣或电动机本身是否有问题。用不含金属粉末及水分的压缩空气导入装电刷的刷孔，吹净粘在刷孔壁上的电刷粉末。如果电刷粉末难以吹净，则可用螺钉旋具尖轻轻清理，直至孔壁全部干净，但要注意不要碰到换向器表面。重新装上电刷，拧紧刷盖。如果更换了新电刷，则应空运行电动机一段时间，使电刷表面和换向器表面相吻合。

2. 数控车床采用与普通车床相类似的型号表示方法，由字母及一组数字组成，写出数控车床 CKA6140 各代号含义，如图 2-30 所示。

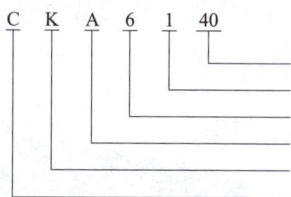

图 2-30　数控车床型号表示方法

3. 数控加工的发展趋势。

21 世纪是知识经济新时代，制造业作为我国新世纪的战略产业将面临剧烈的挑战并经历一场深刻的技术变革。在传统制造技术基础之上发展起来的先进制造技术代表了制造技术发展的前沿，对制造业的发展将产生巨大影响。当前先进制造技术的发展大致有以下特点。

（1）信息技术、管理技术与工艺技术紧密结合。

随着信息技术向制造技术的注入和融合，制造技术不断发展。信息技术使制造技术的技术含量提高，使传统制造技术发生质的变化，促进了加工制造自动化技术的_____，整个制造过程的_____。相继出现的各种先进制造模式，如计算机集成制造系统（computer integrated manufacturing system，CIMS）、并行工程、精益生产、敏捷制造、虚拟企业与虚拟制造等，均以信息技术的发展为支撑。

（2）计算机辅助设计（CAD）、计算机辅助制造（CAM）、计算机辅助工程（CAE）等数字化技术注入产品设计开发。

制造信息的数字化，将实现_____的一体化，使产品向无图纸制造方向发展。在发达国家的大型企业中，已广泛使用 CAD/CAM，实现了 100%数字化设计。将数字化技术注入产品设计开发，提高了企业产品自主开发能力和产品档次，同时也提高了企业对市场的应变能力和快速响应能力。通过局域网实现企业内部并行工程，通过互联网建立跨地区的虚拟企业，实现资源共享，优化配置，也使制造业向互联网辅助制造方向发展。

（3）加工制造技术向着超精密、超高速以及发展新一代制造装备的方向发展。

①超精密加工技术。超精密加工技术是为了使被加工件的精度均优于亚微米级的一门高新技术。超精加工技术的加工精度由红外波段向可见光和不可见光的紫外波段趋进。目前加工精度达到 0.025 μm，表面粗糙度达到 0.045 μm，已进入_____级加工时代。美国为了适应航空、航天等尖端技术的发展，已研制出多种数控超精密加工车床，最大的加工直径可达 1.63 m，定位精度为 28 nm。

②超高速切削。机床向高速化方向发展，不但可大幅提高_____，而且可提高零件的表面加工质量和精度。超高速加工技术对制造业实现_____生产有广泛的适用性。

高速切削的作用是指主轴高转速减少了_____，同时采用小的切削深度铣削，有利于克服机床振动，使排屑率大大提高，切削热_____，故传入零件中的热量减低，热变形大大减小，提高了加工精度，也改善了加工表面粗糙度。因此，经过高速加工的工件一般不需要精加工。

提高主轴转速的手段是采用电主轴（内装式主轴电动机），如图 2-31 所示，即主轴电动机的转子轴就是主轴部件，从而可将主轴转速大大提高。

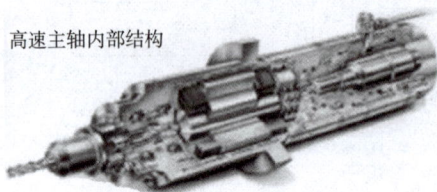

图 2-31　电主轴

用主轴电动机代替传统的旋转式电动机是提高工作台快速移动和进给速度的手段。

目前，最高水平的高速加工数控机床在分辨率为 1 μm 时，最大进给速度可达 40 m/min，当程序段设定进给长度大于 1 mm 时，最大进给速度可达 80 m/min，并且具有 1.5 g 的加减速度。主轴最高转速可达 120 000 r/min，换刀时间不到 1 s，工作台交换速度为 6.3 s。

③新一代制造装备的发展。市场竞争和新产品、新技术、新材料的发展推动着新型加工设备的研究与开发，如"_____数控机床"（又称"六腿"机床），突破了传统机床的结构方案，采用可以伸缩的六个"腿"连接定平台和动平台，每个"腿"均由各自的伺服电动机和精密滚珠丝杠驱动，控制这六条"腿"的伸缩就可以控制装有主轴头的动平台的空间位置和姿势，从而满足刀具运动轨迹的要求。

（4）复合化加工。

机床高速化主要从_____来提高机床的加工生产率，而机床的复合化加工则是通过增加机床的功能，减少工件加工过程中的_____等辅助工艺时间，来提高机床利用效率的，因此，复合化加工是现代化机床发展的另一重要方面。

复合加工（complex machining）技术是指在一台设备上完成车、铣、钻、镗、攻丝、铰孔、扩孔、铣花键、插齿等多种加工要求。

复合加工有两重含义，一是_____，即一台数控机床通过一次装夹可完成多工种、多工序的任务。例如，数控车床向车铣中心发展，加工中心则向更多功能发展，五轴联动向五面加工发展。图2-32所示为车铣加工中心加工零件实例。二是_____，即企业向着复合型发展，定期为用户提供成套服务。例如，沈阳机床厂销售给奇瑞数控机床时，不仅仅只提供数控机床，而且要把整个数控机床生产线安装、调试到位，并提供配套的加工切削参数。

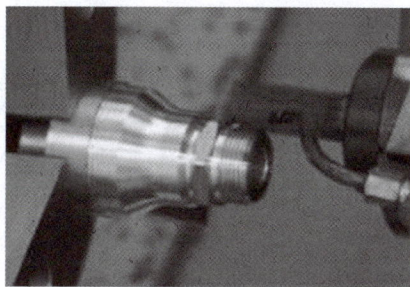

图2-32　车铣加工中心加工零件实例

复合化加工进一步提高工序集中度，减少多工序加工零件的上下料装卸时间；更主要的是可避免或减少工件在不同机床间进行工序转换而增加的工序间输送和等待时间，提高机床利用率；同时，减少了夹具和所需的机床数量，降低了整个加工工序和机床的维护费用。

（5）高可靠性。

数控机床的可靠性是_____的一项关键性指标。数控机床能否发挥其高性能、高精度、高效率并获得良好的效益，关键取决于_____性。衡量可靠性重要的量化指标是平均故障间隔时间（mean time between failures, MTBF）。国外数控机床 MTBF 一般为 700～800 h，数控系统 MTBF 已达 60 000 h 以上。

高可靠性是指_____，但可靠性也不是越高越好，仍然要适度可取。因为数控系统是商品，要受性能价格比的约束。对于两班制的无人工厂而言，如果要求在 16 h 内连续工作且无故障率要保证在 99% 以上，则数控机床的 MTBF 就必须大于 3 000 h。

（6）智能化。

智能化是 21 世纪制造技术发展的一个大方向。智能加工是一种基于_____数字化网络技术和理论的加工，是要在加工过程中模拟人类专家的智能活动，以解决加工过程中许多不确定的、要由人工干预才能解决的问题。

（7）交互网络化。

支持网络通信协议，既满足单机需要，又能满足固定移动融合（fixed mobile convergence，FMC）、柔性制造系统（flexible manufacturing system，FMS）、CIMS 对基层设备集成要求，该系统是形成"＿＿＿＿＿＿＿＿＿＿"的基础单元。

（8）驱动并联化。

并联结构机床是＿＿＿＿＿＿＿＿＿＿＿＿＿＿＿＿＿＿＿＿相结合的产物。它没有传统机床所必需的床身、立柱、导轨等制约机床性能提高的结构，具有现代机器人的模块化程度高、质量小和速度快等优点。但铰链的精度、间隙、刚性问题影响整机精度和刚性，各支链运动耦合，控制算法非线性，闭环控制难以实现。

4. 螺纹切削复合循环指令 G76。

（1）复合循环指令 G76 的作用是指螺纹切削复合循环指令可以完成一个螺纹段的全部加工任务。它的斜线进刀方法有利于改善刀具的切削条件，如图 2-33、图 2-34 所示。

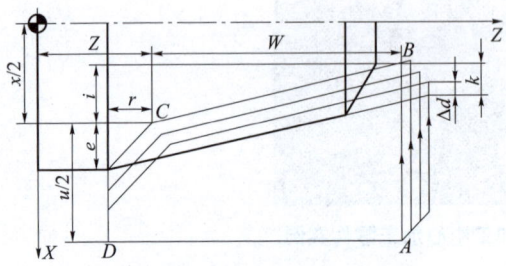

图 2-33　螺纹切削复合循环指令
G76 的进给路线 1

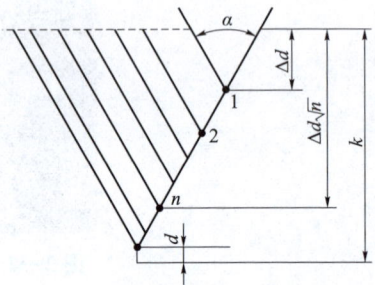

图 2-34　螺纹切削复合循环指令
G76 的进给路线 2

（2）编程格式。

G00 X_A Z_A （定位至循环起点 A）

G76 C(c) R(r) E(e) A(α) X(x) Z(z) I(i) K(k) U(d) V(Δd_{min}) Q(Δd) P(p) F(l)

（3）参数含义。

c：车削次数，取值为 1～99。

r：螺纹 Z 向退尾量。

e：螺纹 X 向退尾量。

α：螺纹牙型角，可在 80°、60°、55°、30°、29°、0°六种角度中选择。

x，z：螺纹切削终点的坐标，既可以用绝对坐标表示，也可以用增量坐标表示，G91 增量坐标下 x，z 表示螺纹切削终点相对于循环起点的有向距离。

i：螺纹切削起点相对于螺纹切削终点的半径差，即 $R_{起点}-R_{终点}$。

k：螺纹牙型高度（半径值）。

d：精加工余量（半径值）。

$\Delta d_{\min}$：粗加工中最小背吃刀量（半径值），当第 n 次切削深度（$\Delta d\sqrt{n}-\Delta d\sqrt{n-1}$）小于 $\Delta d_{\min}$ 时，则切削深度设定为 $\Delta d_{\min}$。

Δd：粗加工中第一次背吃刀量（半径值）。

p：主轴基准脉冲处距离螺纹切削起始点的主轴转角。

l：螺纹导程（同 G32 指令）。

（4）注意事项。

G76 指令循环进行单边切削，减小了刀尖的受力。第一次切削时切削深度为 Δd，第 n 次的切削总深度为 $\Delta d\sqrt{n}$，每次循环的背吃刀量为 $\Delta d(\sqrt{n}-\sqrt{n-1})$。

（5）编程示例：应用 G76 指令，根据三角螺纹的特点，按图 2-6 所示的要求制定加工方案，编制加工程序。

（6）请描述用 G76 指令编写螺纹程序与 G32 指令、G82 指令有什么不同？

5. 应用 G76 指令及前面所学知识，根据图 2-35 所示的滚花轴零件图，制定零件加工工艺和编程，并进行加工和评分，将评分结果填写在表 2-18 中（零件外形见图 2-36）。

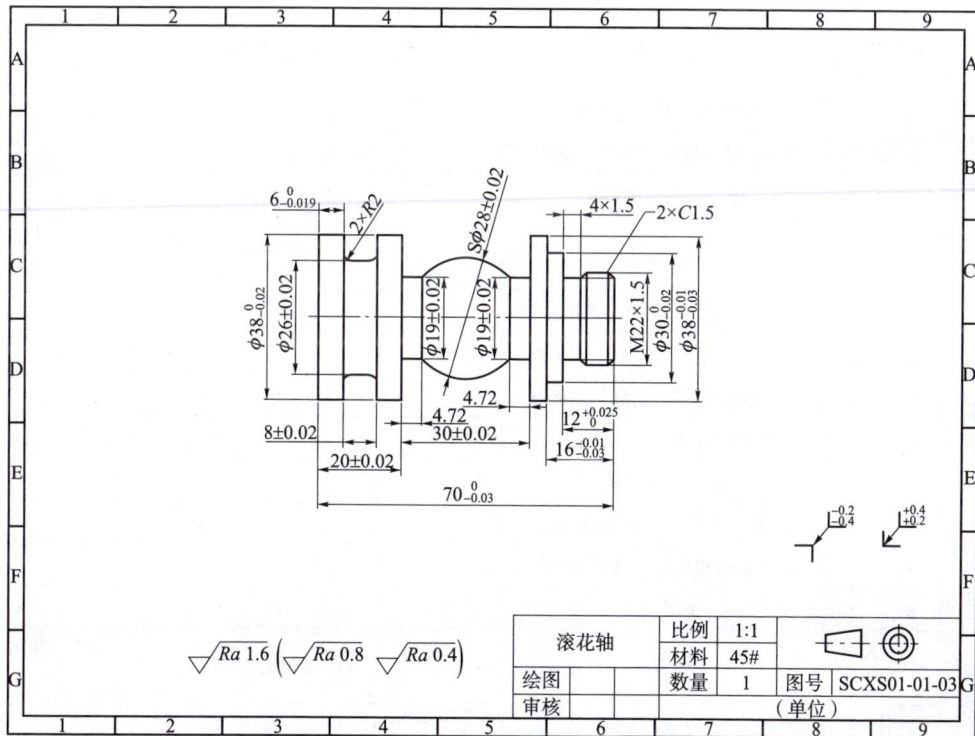

图 2-35　滚花轴零件图

图 2-36 滚花轴

表 2-18 滚花轴零件评分表

滚花轴-
调头端面车削

滚花轴-
调头外圆粗车削

滚花轴-
调头外螺纹加工

学生姓名					学生学号			总时间	
项目名称	传动轴加工				图号			总成绩	

	序号	配分/分	评分项	公称尺寸/mm	上偏差/mm	下偏差/mm	上极限尺寸/mm	下极限尺寸/mm	实际尺寸/mm	得分/分
尺寸及形位公差	1	7	直径	19	+0.02	−0.02	19.02	18.98		
	2	7		26	+0.02	−0.02	26.02	25.98		
	3	7		38	0	−0.02	38	37.98		
	4	7		38	−0.01	−0.03	37.99	37.97		
	5	7		30	0	−0.02	30	29.98		
	6	7	长度	20	+0.02	−0.02	20.02	19.98		
	7	7		12	+0.025	0	12.025	12		
	8	7		30	+0.02	−0.02	30.02	29.98		
	9	7		70	0	−0.03	70	69.97		
	10	7	螺纹	22						

	序号	配分/分	评分项		情况记录					得分/分
主观评判	1	5	零件加工要素完整度							
	2	5	零件损伤（振纹、夹伤、过切）							
	3	5	倒角、去毛刺情况							

	序号	配分/分	规范要求		情况记录					得分/分
职业素养	1	2	工具、量具、刀具分区摆放							
	2	2	工具摆放整齐、规范、不重叠							
	3	1	量具摆放整齐、规范、不重叠							
	4	1	刀具摆放整齐、规范、不重叠							
	5	1	防护佩戴规范							
	6	1	工服、工帽、工鞋穿戴规范							
	7	1	加工后清理现场、清洁及其他							
	8	1	现场表现							

	序号	配分/分	评分项		情况记录					得分/分
其他	1	5	是否更换毛坯							

项目三　台阶套的加工

一、项目描述

套类零件在机械中的应用十分广泛，是机械加工中常见的典型零件之一，主要起支撑、传递和导向作用，或在工作中承受径向力、轴向力等，如引导刀具的钻套、镗套、定位套及轴承套、法兰、带轮等。本项目主要训练以内孔加工为主的套类零件加工，不仅要完成内孔、内沟槽、内螺纹、内圆弧和内圆锥的加工任务，同时还要学会内孔、内沟槽的尺寸控制方法。本项目需要掌握套类零件数控加工工艺分析、刀具的选择与安装、工件的装夹、内孔的加工与检测等理论知识及操作技能。由于内孔的加工涉及刀具的刚性、冷却和排屑问题，因此成为加工的难点。套类零件加工工艺复杂，在教学过程中主要通过开展小组协助的形式完成教学，主要培养学生团结协作能力，以及良好的人际关系和沟通、协调能力。精益求精的加工零件不仅需要一种克难攻坚的精神，还需要一种团结协作的合力。

本项目加工的零件为台阶套，其毛坯材料为 45#钢，尺寸为 $\phi45$ mm×80 mm。台阶套零件外形如图 3-1 所示，台阶套零件图如图 3-2 所示。

图 3-1　台阶套零件外形

台阶套零件加工

二、职业素养

同心山成玉，协力土变金。团结协作是一切事业成功的基础，是立于不败之地的重要保证。团结协作不只是一种解决问题的方法，还是一种道德品质。它体现了人们的集体智慧，是现代社会生活中不可缺少的一环。时代要求人们要有团结协作的理念，要有互利共赢的意识，一人难唱一台戏，双拳难敌四手，只有形成合力，勇于合作，精于合作，才能实现共同发展，构建人类命运的共同体。

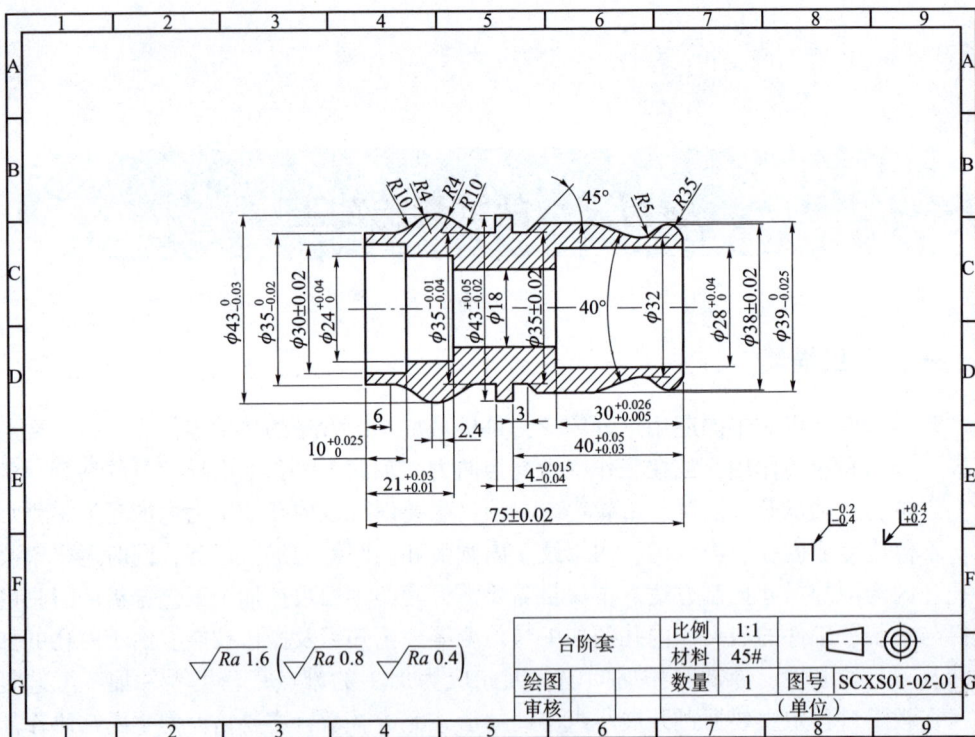

图 3-2 台阶套零件图

三、学习目标

（一）素质目标

1. 具有正确的世界观、人生观、价值观。
2. 具有团结协作能力，良好的人际关系和沟通、协调能力。
3. 培养不断跟进机械行业先进发展技术和终身学习的意识。

（二）知识目标

1. 掌握数控车床套类零件加工的基本操作。
2. 掌握孔加工常用刀具、夹具和量具的使用方法及注意事项。
3. 掌握套类零件的数控加工切削参数的选择方法。

（三）能力目标

1. 能够区分不同种类内孔加工刀具并能正确选择加工所需的刀具。
2. 能够正确识图并对套类零件图样进行工艺分析。
3. 能够正确使用内径千分尺和内径百分表对零件的内孔进行检测。
4. 能够正确使用数控车床加工套类零件，并正确测量。

四、知识储备

引导问题 1　怎样确定切削参数？切削参数的选择原则是什么？

切削用量不仅是在机床调整前必须确定的重要参数，而且其数值合理与否对加工质量、加工效率、生产成本等有着非常重要的影响。合理的切削用量是指充分利用刀具切削性能和机床动力性能（功率、扭矩），在保证质量的前提下，获得高生产率和低加工成本的切削用量。

1. 确定切削用量时考虑的因素。

（1）切削加工生产率。

在切削加工中，金属切除率与_____均保持线性关系，即其中任一参数增大一倍，都可使生产率提高一倍。然而受到刀具寿命的制约，当任一参数增大时，其他两个参数必须减小。因此，在确定切削用量时，三要素需要实现最佳组合，此时的高生产率才是合理的。

（2）刀具寿命。

切削用量三要素对刀具寿命影响的大小，按顺序为_____。因此，从保证合理的刀具寿命出发，在确定切削用量时，首先应采用_____，然后再选用_____。

（3）加工表面粗糙度。

精加工时，增大_____将增大加工表面粗糙度值。因此，它是精加工时抑制生产率提高的主要因素。

2. 刀具寿命的选择原则。

切削用量与_____有密切关系。在确定切削用量时，应首先选择合理的刀具寿命，而合理的刀具寿命则应根据优化的目标而定。一般分为_____两种，前者根据单件工时最少的目标确定，后者根据工序成本最低的目标确定。

选择刀具寿命时可考虑如下几点。

（1）根据刀具复杂程度、_____来选择。复杂和精度高的刀具其寿命应选得比单刃刀具高些。

（2）由于机夹可转位刀具的换刀时间短，因此，为了充分发挥其切削性能、提高生产效率，刀具寿命可选低些，一般取_____。

（3）对于装刀、换刀和调刀比较复杂的多刀机床、组合机床与自动化加工刀具，刀具寿命应选_____些，尤其应保证刀具_____性。

（4）车间内当某工序的生产率限制了整个车间生产率的提高时，该工序的刀具寿命要选_____些；当某工序单位时间内所分担的全厂开支较大时，刀具寿命也应选_____些。

（5）大件精加工时，为保证至少完成一次走刀，避免切削时中途换刀，刀具寿命应按_____和表面粗糙度来确定。

3. 写出确定切削用量的步骤。

_____

_____

_____

_____

_____

4. 提高切削用量的途径有哪些?

_____

_____

_____

_____

五、工作准备

引导问题 1 内孔车刀的种类有几种?

内孔车刀的形状、结构如图 3-3 所示,内孔车刀、内孔加工如图 3-4、图 3-5 所示。

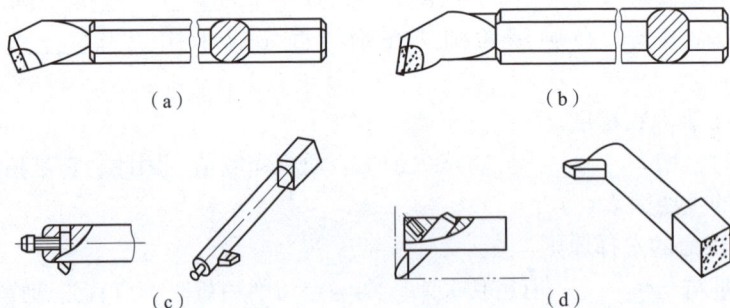

图 3-3　内孔车刀的形状、结构

(a) 整体式通孔车刀;(b) 整体式不通孔车刀;(c) 装夹式通孔车刀;(d) 装夹式不通孔车刀

图 3-4　内孔车刀　　　　**图 3-5　内孔加工**

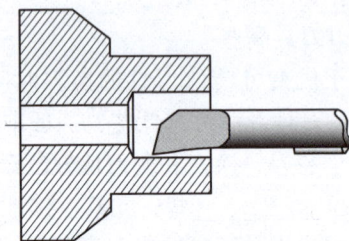

根据图 3-6,填写内孔车刀及其他车刀类型的名称。

引导问题 2 内径千分尺是什么?它和外径千分尺相比有何异同?

内径千分尺主要用于测量_____上的_____、_____、_____
等尺寸,其工作原理和读数方法与普通外径千分尺完全相同。

1. 内径千分尺的结构。

内径千分尺的测量范围有_____、_____、_____、_____
100~2 000 mm 等多种,测量范围的变化是靠更换_____来实现的。内径千分尺
的分度值为_____。

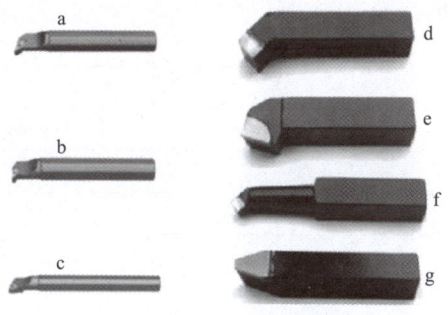

图 3-6　内孔车刀及其他车刀类型

a—＿＿＿＿＿＿；b—＿＿＿＿＿＿；c—＿＿＿＿＿＿；d—＿＿＿＿＿＿；

e—＿＿＿＿＿＿；f—＿＿＿＿＿＿；g—＿＿＿＿＿＿

根据图 3-7，填写内径千分尺类型名称。

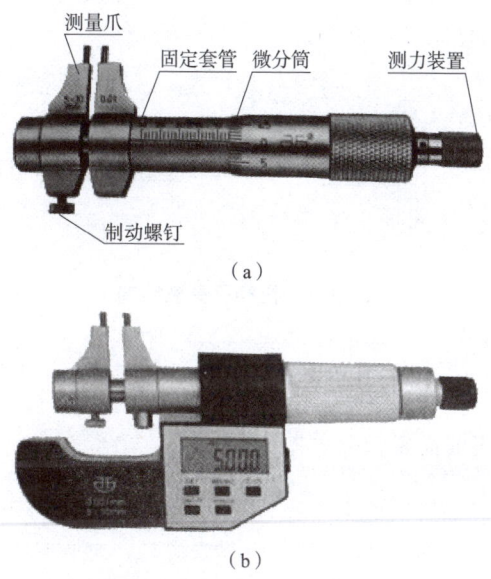

测量爪　　固定套管　微分筒　　测力装置

制动螺钉

（a）

（b）

图 3-7　内径千分尺的类型

（a）＿＿＿＿＿＿；（b）＿＿＿＿＿＿

2. 写出使用内径千分尺测量内径孔的正确方法。

3. 写出内径千分尺的保养方法。

_____

_____

_____

_____

_____

_____

引导问题 3　内径百分表是什么？

内径百分表是孔加工中最常用的计量器具之一，又称内径表，主要使用比较测量法完成测量，用于_____及其形状误差的测量，也可用来测量其他内尺寸。

1. 内径百分表的结构。

图 3-8 所示为带定位中心支架的内径百分表，它由表头和表架两部分组成，请依次写出每个部位的名称。

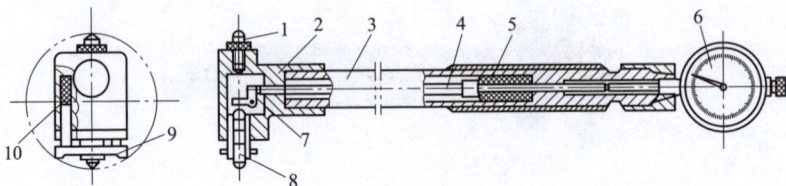

图 3-8　内径百分表结构

1—_____；2—_____；3—_____；4—_____；5—_____；
6—_____；7—_____；8—_____；9—_____；10—_____

2. 使用内径百分表前需要检查哪些内容？

_____

_____

_____

_____

3. 如何正确使用内径百分表？

_____

_____

_____

_____

4. 如何进行内径百分表的维护与保养？

_____

_____

_____

_____

引导问题 4 零件的高加工精度离不开正确的装夹定位，关于定位有哪些知识与要求?

1. 工件以平面定位。

(1) 工件以面积较小且已完成加工的基准平面定位时，选用平头支承钉；以粗糙不平的基准面或毛坯面定位时，选用圆头支承钉；以侧面定位时，选用网状支承钉。如图 3-9 所示，填写 3 种支承钉的名称。

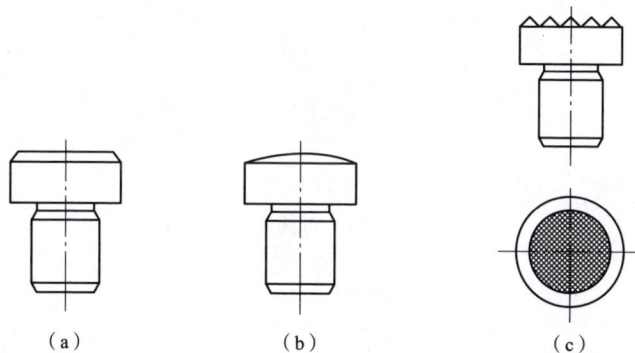

图 3-9 支承钉

(a) _____；(b) _____；(c) _____

(2) 如图 3-10 所示，以面积较大、平面度精度较高的基准平面定位时，选用_____作定位元件；以毛坯面、阶梯平面和环形平面作基准平面定位时，选用_____作定位元件。

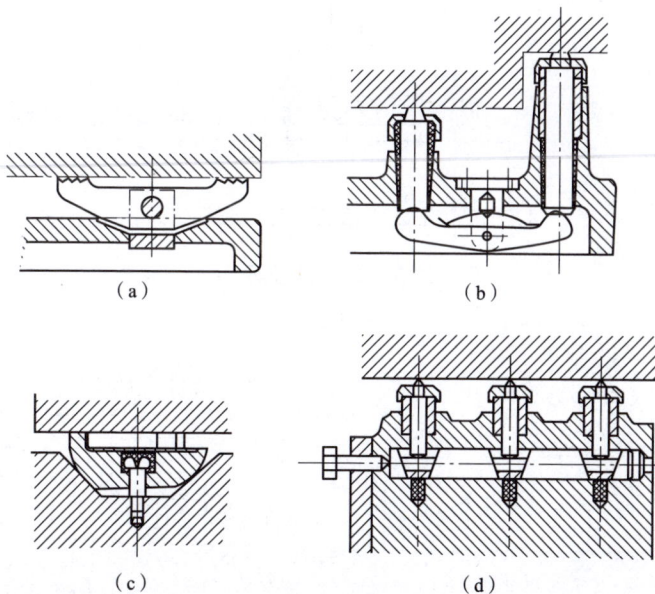

图 3-10 定位支承

(a) _____；(b) _____；(c) _____；(d) _____

（3）以毛坯面作基准平面，调节时可按定位面质量和面积大小分别选用如图 3-11（a）、图 3-11（b）、图 3-11（c）所示的可调支承作定位元件，填写 3 种可调支承的名称。

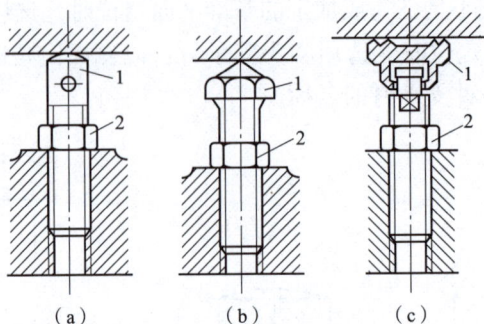

图 3-11　可调支承

（a）_____；（b）_____；（c）_____

1—调整螺钉；2—紧固螺母

（4）当工件定位基准面需要提高定位刚度、稳定性和可靠性时，可选用_____辅助定位元件，如图 3-12、图 3-13、图 3-14 所示，完成填空。

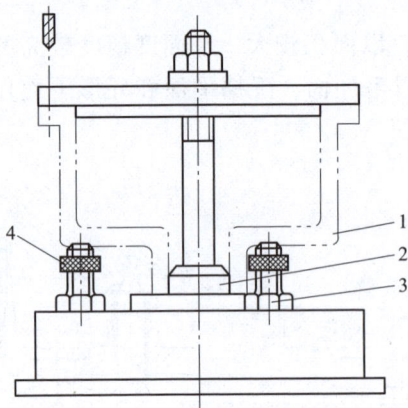

图 3-12　辅助支承

1—_____；2—_____；3—_____；4—_____

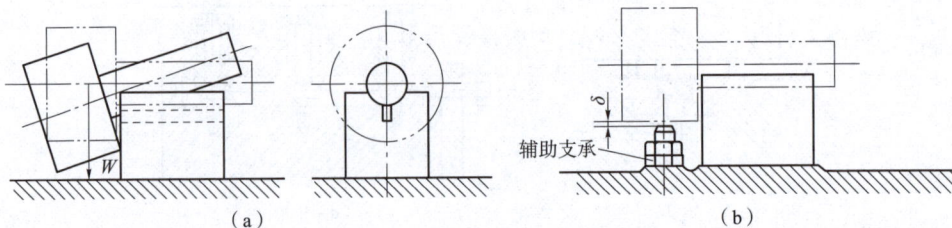

图 3-13　辅助支承起预定位作用

（a）_____；（b）_____

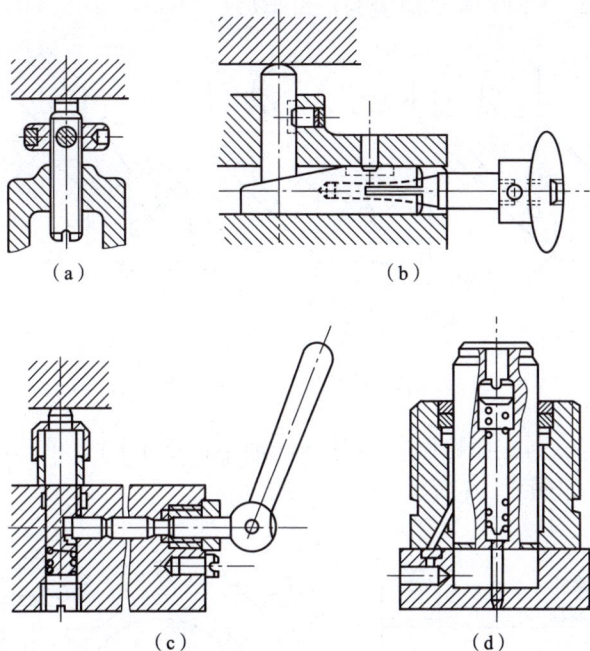

图 3-14 辅助支承的类型

(a) _____ ;（b）_____ ;（c）_____ ;（d）_____

2. 对定位元件的基本要求。

（1）限位基面应有足够的精度：限位基面具有足够的精度，才能保证工件的_____。

（2）限位基面应有较好的耐磨性：由于定位元件的工作表面经常与工件接触和摩擦，容易磨损，因此要求支承元件限位基面的_____要好，以保证夹具的使用寿命和定位精度。

（3）支承元件应有足够的强度和刚度：定位元件在加工过程中，受_____、_____的作用，因此要求支承元件应有足够的刚度和强度，避免在使用中发生变形或损坏。

（4）定位元件应有较好的工艺性：定位元件应结构简单、合理，便于_____ _____。

（5）定位元件应便于清除切屑：定位元件的_____应有利于清除切屑，以防切屑嵌入夹具内影响加工和定位精度。

3. 常用定位元件所能限制的自由度及选用方法。

（1）用于平面定位的定位元件：包括固定支承（钉支承和板支承）、_____、_____ 和辅助支承等。

（2）用于外圆柱面定位的定位元件：包括_____、_____和_____等。

（3）用于孔定位的定位元件：包括定位销（圆柱定位销和圆锥定位销）、_____ 和_____等。

（4）工件以外圆柱定位：当工件的对称度要求较高时，可选用 V 形块定位，如

图 3-15 所示，填写以下 3 种 V 形块的定位类型。

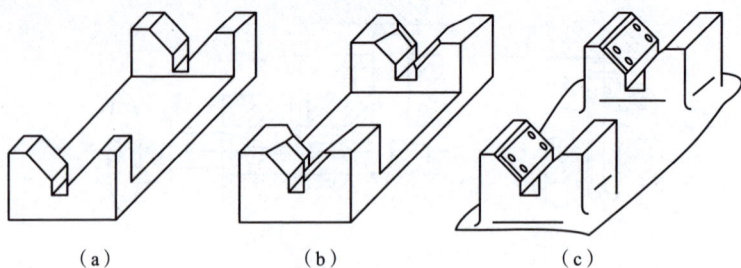

| (a) | (b) | (c) |

图 3-15　V 形块

（a）_____；（b）_____；（c）_____

（5）当工件定位圆柱面精度较高时（一般不低于 IT8），可选用_____或半圆形定位座定位，如图 3-16 所示。

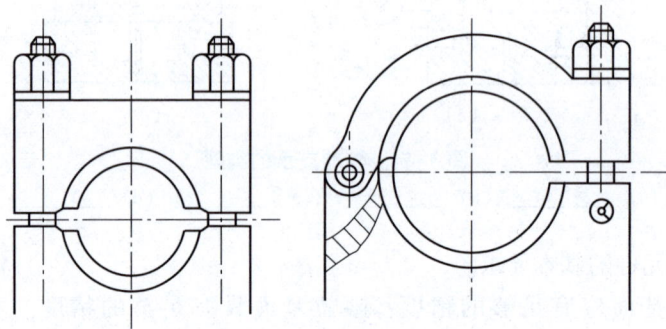

图 3-16　半圆形定位座

引导问题 5　机床夹具的作用是什么？机床夹具有几种？机床夹具的分类与组成是怎样的？其他关于机床夹具及夹紧的知识还有哪些？

1. 机床夹具的作用。

（1）保证加工精度。

采用夹具安装，可以准确地确定工件与机床、刀具之间的相互位置，工件的位置精度由夹具保证，不受工人技术水平的影响，其加工精度高而且稳定。

（2）提高生产率，降低成本。

用夹具装夹工件，无须找正便能使工件迅速地定位和夹紧，显著地减少了辅助工时；用夹具装夹工件提高了工件的刚性，因此可加大切削用量；可以使用多件、多工位夹具装夹工件，并采用高效夹紧机构，这些因素均有利于提高劳动生产率。另外，采用夹具后，产品质量稳定，废品率下降，可以安排技术等级较低的工人，以降低生产成本。

（3）扩大机床的工艺范围。

使用专用夹具可以改变原机床的用途和扩大机床的使用范围，实现一机多能。例如，在车床或摇臂钻床上安装镗模夹具后，就可以对箱体孔系进行镗削加工；通过专用夹具还可将车床改为拉床，以充分发挥通用机床的作用。

（4）降低工人的劳动强度。

用夹具装夹工件方便、快速，当采用气动、液压等夹紧装置时，可降低工人的劳动强度。

2. 机床夹具的种类。

机床夹具的种类虽然很多，但其基本组成是相同的，如图 3-17 所示，主要包括以下框格中的 6 个部分，请把空白部分填写完整。

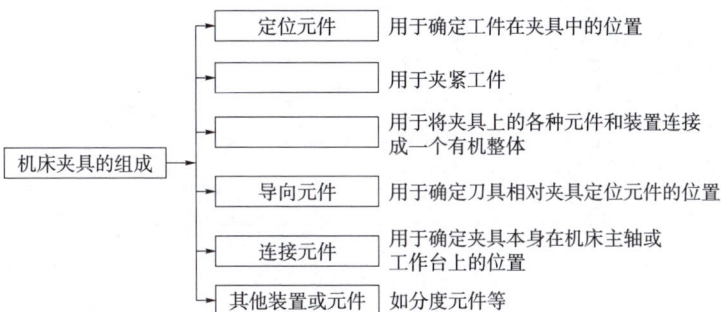

图 3-17　机床夹具的组成

3. 机床夹具的分类方法。

机床夹具按机床的类型可分为_____、_____、钻床夹具、镗床夹具、加工中心夹具和其他机床夹具等。

机床夹具按产生夹紧力的动力源可分为_____、气动夹具、_____、电动夹具、磁力夹具、真空夹具和自夹紧夹具等。通常，人们更习惯于按夹具的应用范围和特点将其分为通用夹具、专用夹具、组合夹具、_____、_____等。

4. 将表 3-1 中的内容填写完整。

表 3-1　机床夹具的类型及特点

夹具类型	特点及应用场合
通用夹具	通用性强，广泛应用于_____生产
专用夹具	专为某一工件的_____设计，结构紧凑、操作方便、生产效率高、精度易保证，适用于固定产品的_____生产
组合夹具	由预先制造好的不同形状、不同规格、不同尺寸的通用标准元件和部件组装而成
——————	适用范围宽，通过适当调整或更换夹具上的个别元件，即可用于加工形状、尺寸和加工工艺相似的多种工件
——————	专为某一组零件的成组加工而设计，加工对象明确，针对性强，通过调整可适应多种工艺及加工形状、尺寸

5. 夹紧装置的设计原则。

在机械加工过程中，为保持工件定位时所确定的正确位置，防止工件在切削力、惯性力、离心力及重力等作用下发生位移和振动，机床夹具应设有夹紧装置，以将工件压紧、夹牢。夹紧装置是否合理、可靠及安全，对工件加工的精度、生产率和工人的劳动条件有着重要影响。夹紧装置有以下 5 个设计原则。

（1）写出工件不移动原则。

_____

_____

_____

（2）写出工件不变形原则。

_____

_____

_____

（3）写出工件不振动原则。

_____

_____

_____

_____

（4）写出安全可靠原则。

_____

_____

_____

_____

（5）写出经济实用原则。

_____

_____

_____

6. 工件装夹与机床夹具的关系。

工件装夹是指将工件置于机床夹具上（内），进行定位和夹紧的过程。它是实现机床夹具工作目标的重要过程之一。

如果装夹不正确，如夹紧力过大，则可能会引起夹具变形或工作面精度受损。反之，如果机床夹具的设计不合理或制造粗劣，导致机床夹具在使用过程中出现受力、受热变形，则会直接影响工件装夹的效率和正确性。例如，夹紧传动机构不合理，影响了操作者的夹紧用力，造成夹紧力过大而使工件变形；或夹紧力过小，导致工件未能夹紧而移动。毋庸置疑，合理的夹紧传动机构必能提高装夹的工作效率。

请叙述正确的工件装夹过程。

_____

_____

_____

7. 现代机床夹具的发展方向。

为了适应现代机械工业向高、精、尖方向发展的需要和多品种、小批量生产的特点，现代机床夹具的发展方向主要表现为标准化、精密化、高效化和柔性化等 4 个方面。

（1）什么是机床夹具的标准化？

_____

_____

（2）什么是机床夹具的精密化？

_____

_____

（3）什么是机床夹具的高效化？

_____

_____

（4）什么是机床夹具的柔性化？

_____

_____

六、计划与实施

根据图 3-18 所示的台阶套零件图要求，完成台阶套零件内孔编程及加工，并保证零件的内孔尺寸、圆弧尺寸、槽尺寸、长度尺寸和表面粗糙度符合要求。通过完成本项目，学生应学会对内孔尺寸的控制并加强对螺纹、圆弧、槽、外圆和长度的尺寸控制。台阶套的毛坯尺寸为 $\phi45$ mm×80 mm，材料为 45#钢。

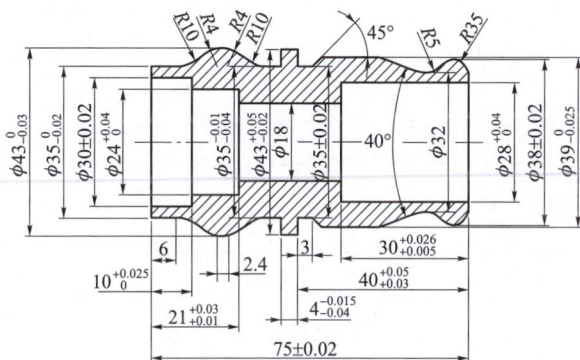

图 3-18　台阶套零件图

引导问题 1　如何制定内孔加工工艺？

孔加工有两种情况，一种是在实体工件上加工孔，另一种是在有工艺孔的工件上再加工孔。前者一般采用_____方法加工，后者则可以根据孔的加工要求直接进行_____等加工。

1. 如何进行钻孔加工？

（1）对于精度要求不高的内孔，可以用_____直接钻出；对于精度要求较高的台阶孔，钻孔后还需_____才能完成。选用麻花钻时，应根据下一道工序的要求留出加工余量，一般比最小的台阶孔直径_____ mm，麻花钻的长度应使钻头螺旋部分稍大于孔深。

（2）钻孔时需要注意哪些方面？

_____

_____

_____

_____

_____

2. 如何解决加工孔的关键技术问题？

（1）加工孔的关键技术是_____问题。

（2）增加内孔车刀刚性的措施有_____和_____。

（3）解决排屑问题主要是_____流出的方向。加工直孔时，可使_____，应采用_____的内孔车刀；加工盲孔时，应采用_____，使切屑从孔口排出。

（4）加工孔时需要注意哪些方面？

_____

_____

_____

_____

_____

3. 车削加工工艺制定的基本原则有哪些？

_____

_____

_____

_____

_____

4. 查找资料，并根据所学知识，回答下列问题。

（1）各小组根据加工要求和现场的实际条件，共同分析、讨论并确定合理的台阶套零件加工计划，并填写表3-2。

表3-2 台阶套零件加工计划

序号	图示	加工内容	尺寸精度	注意事项	备注

（2）总结组内及组间对台阶套零件加工计划的评价及改进建议。

（3）指导教师的评价与结论。

（4）各小组根据加工计划，完成工量刃具、设备和材料的准备工作，并填写表3-3。

表3-3 工量刃具、设备和材料的准备

序号	工量刃具、设备和材料的名称	要求	数量

引导问题2 如何编写台阶套零件的加工程序？

1. 确定工件的装夹方式。

2. 确定数控加工工序、填写表3-4。

表3-4 数控加工工序卡

工序号	工序内容	刀具	切削用量		
			背吃刀量/mm	主轴转速/$(r \cdot min^{-1})$	进给速度/$(mm \cdot r^{-1})$

3. 编写数控加工程序，将数控加工程序填写在表3-5中。

表3-5　数控加工程序

程序	说明

4. 安全提示。

（1）工作时应穿工作服、戴袖套。长发应戴工作帽，将长发塞入帽子里。禁止穿裙子、短裤和凉鞋上机操作。

（2）为防止切屑崩碎飞散，封闭型数控车床在使用时必须关闭防护门。操作半开放式数控车床时，工作人员必须戴防护眼镜。工作时，头部不能靠近工件加工区域，以防切屑伤人。

（3）工作时，必须集中精力，避免手、身体和衣服靠近正在旋转的机件，如车床主轴、工件、带轮、皮带、齿轮等。

（4）工件和车刀必须装夹牢固，否则可能飞出造成伤害。

（5）在装卸工件、更换刀具、测量加工表面及变换速度时，必须先停机，再进行调整。

（6）数控车床运转时，不得用手触摸刀具及加工区域。严禁用棉纱擦抹转动的工件。

（7）使用专用铁钩清除切屑，严禁用手直接清除。

（8）操作数控车床时不得戴手套。

（9）不得随意拆装电气设备，以免发生触电事故。

（10）工作中若发现机床、电气设备有故障，要及时上报，由专业人员检修，故障未修复时不得使用。

七、总结与评价

引导问题1　如何检测自己加工的台阶套零件？

1. 将检测结果填入台阶套零件评分表3-6中，并进行评分。

表 3-6　台阶套零件评分表

姓名		日期		总配分	100	图号	SCXS01-02-01		
主要尺寸评分项				允差	0.003	项配分	85		
序号	名称	图位	配分/分	尺寸类型	公称尺寸/mm	上偏差/mm	下偏差/mm	实际测量数值/mm	对 ● 错 ○	得分/分
1	直径	C3	5.312 5	ϕ	43	0	−0.03		○	
2		C3	5.312 5	ϕ	35	0	−0.02		○	
3		C3	5.312 5	ϕ	30	0.02	−0.02		○	
4		C4	5.312 5	ϕ	24	0.04	0		○	
5		C5	5.312 5	ϕ	35	−0.01	−0.04		○	
6		C5	5.312 5	ϕ	43	0.05	−0.02		○	
7		C5	5.312 5	ϕ	35	0.02	−0.02		○	
8		C7	5.312 5	ϕ	28	0.04	0		○	
9		C7	5.312 5	ϕ	38	0.02	−0.02		○	
10		C8	5.312 5	ϕ	39	0	−0.025		○	
11	长度	E3	5.312 5	L	10	0.025	0		○	
12		E4	5.312 5	L	21	0.03	0.01		○	
13		E5	5.312 5	L	4	−0.015	−0.04		○	
14		E6	5.312 5	L	40	0.05	0.03		○	
15		E6	5.312 5	L	30	0.026	0.005		○	
16		E5	5.312 5	L	75	0.02	−0.02		○	
项得分									

主观评分项					项配分	10		
序号	名称	配分/分	主观评分内容	裁判打分（0~3分）			得分/分	
				裁判1	裁判2	裁判3		
1	主观评分	2.6	已加工零件倒角、倒圆、倒钝、去毛刺是否符合图纸要求					
2		2.6	已加工零件是否有划伤、碰伤和夹伤					
3		4.8	已加工零件与图纸要求的一致性及其余表面粗糙度					
项得分								

更换增加毛坯评分项				项配分	5		
序号	名称	配分/分	内容	是/否	对 ● 错 ○	得分/分	
1	更换增加毛坯	5	是否更换毛坯		○		
奖励得分							
裁判签字				总得分			

2. 对台阶套零件加工不达标尺寸进行分析，并填写表3-7。

表3-7　台阶套零件加工不达标尺寸分析

序号	图位	尺寸类型	公称尺寸/mm	实际测量数值/mm	出错原因	解决方案	
						学生分析	教师分析
1							
2							
3							
4							
5							

引导问题 2　能否针对本项目所学的知识进行自我评价与总结？

1. 对台阶套零件加工学习效果进行自我评价，并填写表3-8。

表3-8　台阶套零件加工学习效果自我评价表

序号	学习任务内容	学习效果			备注
		优秀	良好	较差	
1	了解定位元件和定位误差				
2	机床夹具有几种？了解机床夹具的分类与组成				
3	内孔车刀有几种				
4	如何制定内孔加工工艺				
5	怎样确定切削参数？切削参数的选择原则是什么				
6	如何编写台阶套的加工程序				

2. 总结不足与需要改进的地方。

（1）通过以上检测，分析自己所加工零件的不足及解决办法。

（2）写出在操作过程中存在的问题和以后需要改进的地方。

八、拓展训练

1. DNC。

直接数控（DNC）是用一台或多台计算机对多台数控设备实施综合控制的一种方法，是机械制造系统的一个重要发展，又称群控。DNC系统是自动化制造系统的一种模式。

DNC系统实施分级控制，CNC是计算机直接控制生产机床并与DNC系统主机进行信息交互，DNC主机也可与其他计算机进行信息的交互。DNC系统配置的这种发展，使DNC的含义由直接数控变为分布式数控（distributed numerical control）。分布式数控系统不仅用计算机来管理、调度和控制多台数控机床，而且还与CAD/CAPP/CAM、物料输送和存储、生产计划与控制相结合，形成了柔性分布式数控（flexible distributed numerical control，FDNC）系统。

2. CIMS。

CIMS是用于制造业工厂的综合自动化大系统。它在计算机网络和分布式数据库的支持下，把各种局部的自动化子系统集成起来，实现信息集成和功能集成，走向全面自动化，从而缩短产品开发周期、提高质量、降低成本。它是工厂自动化的发展方向，是未来制造业工厂的模式。

（1）CIMS的概念。

CIMS是在信息技术、自动化技术、计算机技术及制造技术的基础上，通过计算机及其软件，将制造工厂的全部生产活动——设计、制造及经营管理（包括市场调研、生产决策、生产计划、生产管理、产品开发、产品设计、加工制造及销售经营）等与整个生产过程有关的物料流与信息流结合起来，实现计算机高度统一的综合化管理。它通过将各种分散的自动化系统有机地集成起来，构成一个优化的、完整的生产系统，从而获得更高的整体效益，缩短产品开发制造周期，提高产品质量，提高生产率，提高企业的应变能力，以赢得竞争。

（2）CIMS的构成。

CIMS包括制造工厂的生产、经营等全部活动，具有经营管理、工程设计和加工制造等主要功能。图3-19所示为CIMS的构成。它在CIMS数据库的支持下，由信息管理模块、设计和工艺模块及制造模块组成。

3. 根据所学知识，回答下面问题。

（1）设计和工艺模块主要包括_____、_____、成组技术（GT）、_____、计算机辅助数控编程技术等，作用是使产品的开发更高效、优质、并自动化地进行。

（2）柔性制造系统是制造模块的主体，主要包括哪些？

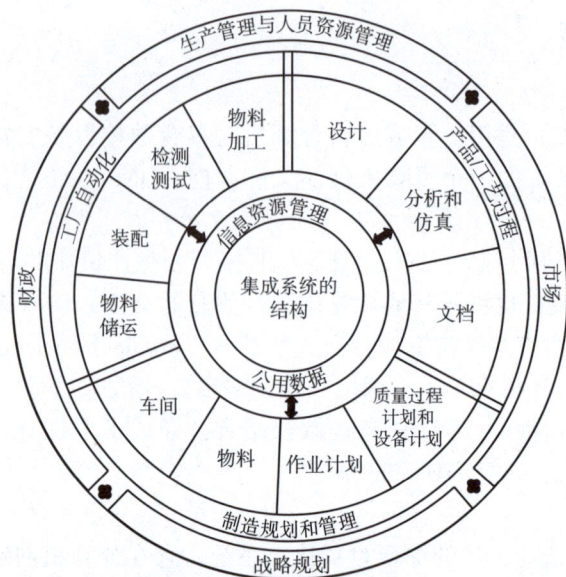

图 3-19　CIMS 的构成

（3）信息管理模块主要包括_____、_____、_____、销售及售后跟踪服务、_____、人力资源管理等，通过信息的集成，达到缩短产品生产周期、减少占用流动资金、提高企业应变能力的目的。

（4）公用数据库是_____的核心，对信息资源进行_____，并与各个计算机系统进行通信，实现企业数据的共享和信息集成。

（5）CIMS 的实施过程中要实现_____、_____、_____等技术和功能的集成，这种集成不仅是现有生产系统的计算机化和自动化，而且是在更高水平上创造的一种新模式。同时因为原有的生产系统集成很困难，独立的自动化系统异构同化非常复杂，所以要考虑实施 CIMS 计划时的收益和支出。

4. 数控编程的数值计算。

根据被加工零件图样，按照已经确定的加工路线和允许的编程误差，计算数控系统所需输入的数据，该过程称为数控编程的数值计算。它是编程前的主要准备工作之一。它不仅是手工编程必不可少的工作步骤，即使采用计算机进行自动编程，也经常需要先对工件的轮廓图形进行数学预处理，才能对有关几何元素进行定义。

5. 数值计算的内容。

在手工编程中，数值计算的内容主要包括基点和节点的计算、刀位轨迹的坐标计算及辅助计算。

（1）基点和节点的计算。

一个零件的轮廓往往是由许多不同的几何元素组成，如直线、圆弧、二次曲线及阿基米德螺旋线等。

基点是各几何元素的连接点，如两条直线的交点、直线与圆弧或圆弧与圆弧的交点，或者圆弧与二次曲线的交点和切点等。对于一般零件，若其轮廓形状仅由直线与圆弧组成，则由于目前一般机床数控系统中都具有直线、圆弧插补的功能，因此计算过程比较简单。手工编程时，仅需要计算基点的坐标及圆弧圆心点坐标，即可编制加工程序。

实际加工过程中，某些零件由于设计上的特殊要求，其局部轮廓可能并非是直线或圆弧，而是由可用方程式表达的某种曲线组成的，数控编程中常将这类曲线称为非圆曲线。对于非圆曲线，若机床数控系统具备该类曲线的插补功能，则只需计算基点坐标，这样能够极大简化编程计算过程。若数控系统不具备该曲线的插补功能，则必须进行比较复杂的节点坐标计算。所谓节点，是指在满足允许的编程误差条件下，利用数控机床插补器具有的插补功能（如直线或圆弧）对原有曲线进行拟合时所求得的一系列拟合点。图 3-20（a）所示为用直线段拟合非圆曲线，图 3-20（b）所示为用圆弧线段逼近非圆曲线。数控编程时，可按节点划分并分别按直线插补或圆弧插补进行编程，以完成曲线轮廓的加工。

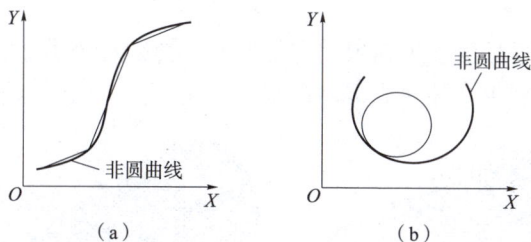

图 3-20　曲线的逼近
（a）直线段拟合非圆曲线；（b）圆弧线段逼近非圆曲线

（2）刀位轨迹的坐标计算。

数控编程中，为了便于描述简单二维或三维加工时刀具相对于工件的运动，给出了刀位点的概念，即刀具上代表刀具在工件坐标系中所在位置的一个点称为刀位点。刀位轨迹即刀位点在工件坐标系中运动时所描述的轨迹，又称刀具路径。

车削加工时，通常用车刀的假想刀尖点作为刀位点。实际加工中，零件的轮廓形状总是由刀具的切削刃部分直接参与切削过程完成的。因此大多数情况下，刀位点的运动轨迹并不与零件轮廓完全重合。这时，若不使用机床的刀具半径补偿功能，则必须依据零件轮廓重新计算刀位轨迹上基点或节点的坐标。目前，绝大多数机床的数控系统都提供了刀具半径补偿功能，由数控系统自动计算出刀具中心偏离工件轮廓的位置。因此，在对零件进行加工时，正确使用刀具半径自动补偿功能，可以减少手工编程时数值计算的工作量。某些简易数控系统，如简易数控车床，只有长度偏移功能而无半径补偿功能，编程时为保证能精确加工出零件轮廓，就需要人为地加入偏移补偿。

此外，某些零件在基本外形轮廓的基础上，常常在拐角处采用相切圆弧过渡，为了计算切点坐标，首先要计算出圆弧点的坐标。

（3）辅助计算包括增量计算、辅助程序的数值计算等，请回答下面问题。

① 什么是增量计算？

② 增量坐标指的是什么？

③ 什么是辅助程序的数值计算？

6. 拓展训练。

根据以上台阶套零件的加工知识并查找资料，尝试对图 3-21、图 3-22 所示的螺纹套零件进行编程与加工，并完成零件检测。

螺纹套零件加工

图 3-21　螺纹套零件

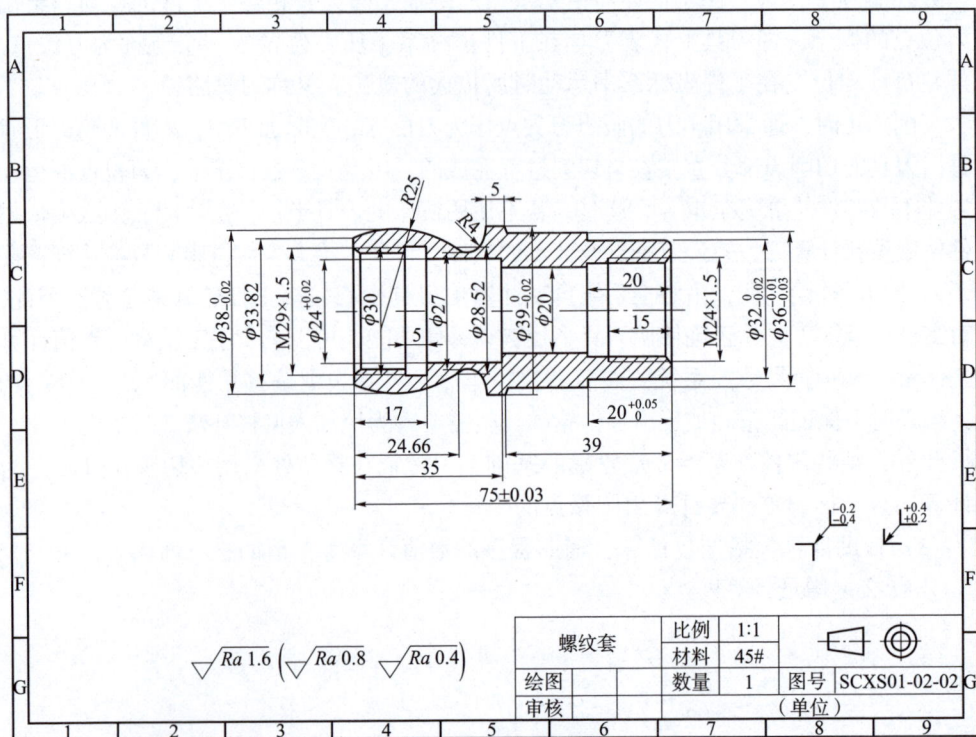

图 3-22　螺纹套零件图

将检测结果填入螺纹套零件评分表3-9中，并进行评分。

表3-9　螺纹套零件评分表

姓名			日期			总配分	100		图号	SCXS01-02-02		
主要尺寸评分项						允差	0.003		项配分	85		
序号	名称	图位	配分/分	尺寸类型	公称尺寸/mm	上偏差/mm	下偏差/mm	实际测量数值/mm	对 ●	错 ○	得分/分	
1	直径尺寸	C3	9.444	ϕ	38	0	−0.02			○		
2		C3	9.444	ϕ	24	0.02	0			○		
3		C5	9.444	ϕ	39	0	−0.02			○		
4		C8	9.444	ϕ	32	0	−0.02			○		
5		C8	9.444	ϕ	36	−0.01	−0.03			○		
6	长度尺寸	E6	9.444	L	20	0.05	0			○		
7		E5	9.444	L	75	0.03	−0.03			○		
8	螺纹	D7	9.444	M	24					○		
9		D3	9.444	M	29					○		
项得分												

主观评分项				项配分		10	
序号	名称	配分/分	主观评分内容	裁判打分（0~3分）			得分/分
				裁判1	裁判2	裁判3	
1	主观评分	2.6	已加工零件倒角、倒圆、倒钝、去毛刺是否符合图纸要求				
2		2.6	已加工零件是否有划伤、碰伤和夹伤				
3		4.8	已加工零件与图纸要求的一致性及其余表面粗糙度				
项得分							

更换增加毛坯评分项				项配分		5	
序号	名称	配分/分	内容	是/否	对 ●	错 ○	得分/分
1	更换增加毛坯	5	是否更换毛坯			○	
奖励得分							
裁判签字				总得分			

对螺纹套零件加工不达标尺寸进行分析，并填写表3-10。

表 3-10　螺纹套零件加工不达标尺寸分析

序号	图位	尺寸类型	公称尺寸/mm	实际测量数值/mm	出错原因	解决方案	
						学生分析	教师分析
1							
2							
3							
4							
5							

项目四 基础零件的加工

一、项目描述

数控铣床是机械加工行业应用最广泛的机床之一。本项目选取的是一个基础零件——长方体，其虽然结构简单，但加工过程涉及数控铣床的全部基本操作。通过对这个简单零件的加工，学生可重点掌握数控铣床的基本操作和基本编程指令。该项目中，学生使用华中数控铣床 818DiM 系统的操作面板来学习数控铣床的基本操作，并完成长方体零件的加工。

本项目加工的零件为长方体零件，其毛坯材料为铝合金 AL6061，尺寸为 150 mm× 100 mm×50 mm。长方体零件外形示意如图 4-1 所示，长方体零件图如图 4-2 所示。

图 4-1 长方体零件外形示意

二、职业素养

精益求精是机械加工行业发展的重要驱动力，这不仅关系到产品和服务质量的提升，还与企业的创新、效率和长期竞争力密切相关，同时也是工匠精神的核心。本项目虽然结构简单，但对于初学者来说尺寸精度和平行度的要求较高，需要学生不断操作、反复练习，逐步提升加工质量，确保零件的每一个细节都达到最高标准。

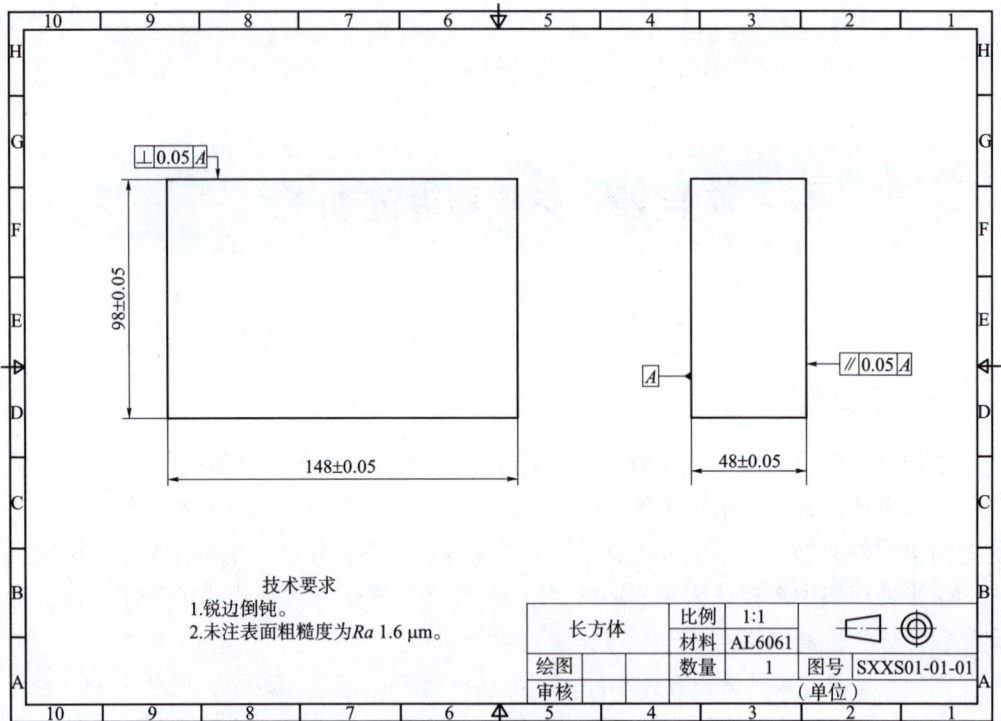

图 4-2　长方体零件图

技术要求
1.锐边倒钝。
2.未注表面粗糙度为 Ra 1.6 μm。

长方体	比例	1:1	
	材料	AL6061	
绘图		数量	1	图号	SXXS01-01-01
审核				(单位)	

三、学习目标

(一) 素质目标

1. 具有良好的职业操守、安全操作意识，培养文明生产的习惯。

2. 具有保护环境、节约成本、可回收垃圾的分类处理意识。

3. 具有较强的质量意识、效率意识，能够按时完成工作任务。

(二) 知识目标

1. 了解数控铣床的用途、分类、基本结构及工作原理。

2. 掌握华中数控铣床 818DiM 编程的基础知识。

3. 掌握常用刀具、夹具和量具的使用方法和注意事项。

4. 掌握简单零件的加工工艺及加工工序的相关知识。

(三) 能力目标

1. 能够根据产品结构特征（图形）选择数控铣床，掌握数控铣床的基本操作方法。

2. 能够根据加工工艺文件的要求，完成刀具、夹具、量具、毛坯的选用。

3. 能够根据零件图确定工件坐标系及点的坐标，并完成简单零件铣削程序的编写和加工。

4. 能够快速、准确地进行数控铣床的对刀操作。

5. 能够对工件进行质量自检和误差分析，评价工艺方案并提出改进建议。

6. 能够在加工前、加工中、加工后对数控铣床进行日常维护。

四、知识储备

引导问题1 为了更好地完成长方体零件的加工任务，请查找资料，回答以下数控铣床基本特点的相关问题。

1. 数控铣床的加工对象。

数控铣床主要加工对象为箱体类零件、＿＿＿＿＿＿、＿＿＿＿＿＿及盘、套、板类等零件。

2. 数控铣床的分类。

（1）数控铣床按其主轴位置的不同分为：＿＿＿＿＿＿＿、＿＿＿＿＿＿＿、＿＿＿＿＿＿＿两用铣床。

（2）数控铣床按数控系统控制的坐标轴数量分为＿＿＿＿＿轴、＿＿＿＿＿轴、＿＿＿＿＿轴、＿＿＿＿＿轴联动铣床。

引导问题2 为了更好地完成长方体零件的加工任务，请查找资料，回答以下数控铣床结构和典型系统的相关问题。

1. 数控铣床的基本结构。

根据图4-3，回答数控铣床的基本结构和各组成部分的功能。

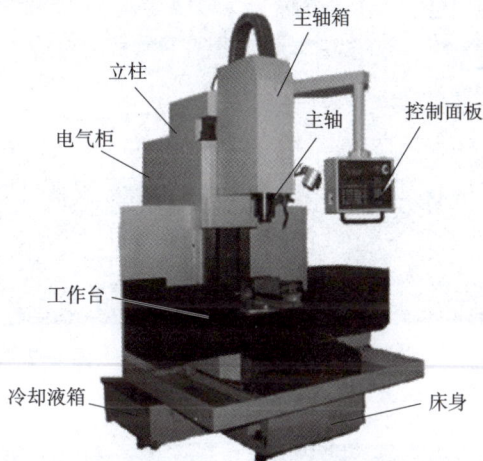

图4-3 数控铣床的基本结构

2. 典型数控铣床系统。

辨识典型数控铣床系统，查阅资料，参观不同类型数控铣床，辨认图4-4~图4-11所示的数控系统，并完成填空。

3. 简述普通铣床与数控铣床的区别。

图 4-4 _____

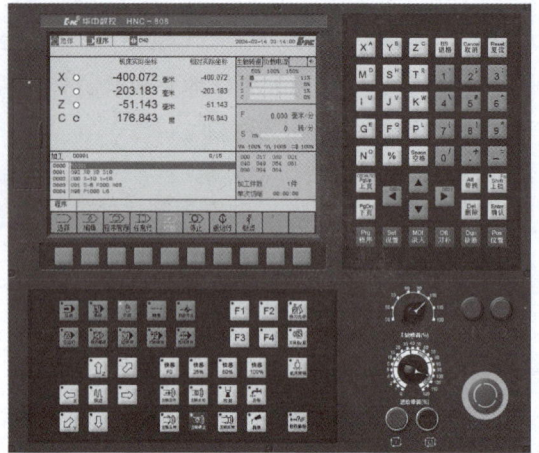

图 4-5 _____

图 4-6 _____

图 4-7 _____

图 4-8 _____

图 4-9 _____

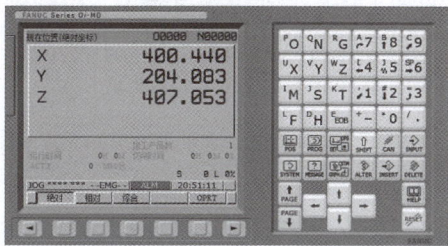

图 4-10 _____

图 4-11 _____

引导问题 3　为了更好地完成长方体零件的加工任务，请查找资料，回答以下数控铣床坐标轴和刀具运动方向的相关问题。

1. 运动方向的确定。

数控铣床某一部件运动的正方向规定为增大_____与_____之间距离的方向。

2. 参考图 4-12、图 4-13，确定数控铣床的各坐标轴。

（1） Z 坐标轴。

标准规定，以传递_____的主轴作为 Z 坐标轴。若机床有几个主轴，则可选择一个垂直于工件_____的主要轴作为主轴。若机床没有主轴（如刨床），则 Z 坐标轴垂直于工件装夹平面。Z 坐标轴的_____是增大刀具和工件之间距离的方向。

（2） X 坐标轴。

X 坐标轴是水平的，_____于工件的装夹平面，是刀具或工件定位平面内运动的主要坐标轴。对于刀具旋转的机床（如铣床）规定如下：若 Z 坐标轴是垂直的，则对于单立柱机床来说，当从主要刀具主轴向立柱看时，X 坐标轴的正方向指向_____。

（3） Y 坐标轴。

根据 X，Z 坐标轴的正方向，按照_____坐标系来确定 Y 坐标轴的正方向。

（4） 旋转坐标轴 A，B，C。

A，B，C 分别是围绕 X，Y，Z 坐标轴的旋转坐标轴，根据 X，Y，Z 坐标轴的方向，用_____法则确定它们的方向。

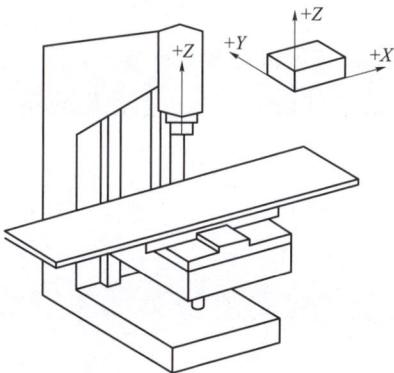

图 4-12　立式升降台铣床

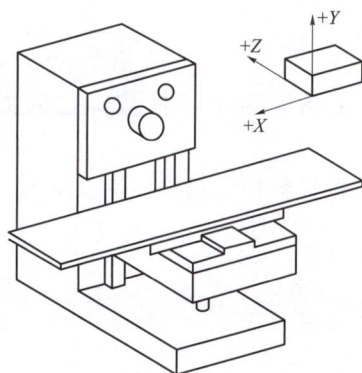

图 4-13　卧式升降台铣床

引导问题 4 为了更好地完成长方体零件的加工任务，在编程过程中，应做到人机结合。请查找资料，结合数控铣床设备，完成以下编程代码格式、常用代码的相关问题。

1. 根据表 4-1 内容填写正确的答案。

表 4-1　G 指令的含义

指令	含义	指令	含义
G24、G25		G81	
G40		G82	
G41		G83	
G42		G84	
G43		G85	
G44		G86	
G49		G87	
G50，G51		G88	
G52		G89	
G53		G90	
G54～G59		G91	
G68，G69		G92	
G73		G94	
G74		G95	
G76		G98	
G80		G99	

2. 辅助功能由地址字_____和其后的一位或两位数字组成，主要用于控制零件程序的走向，以及_____。

3. M 功能有_____M 功能和_____M 功能两种形式。

4. 主轴功能 S 控制主轴_____，其后的数值表示_____，单位为_____。

5. S 是_____态指令，S 功能只有在主轴速度可调节时有效。

6. F 指令表示工件被加工时刀具相对于工件的_____，F 的单位取决于_____。

7. 简述数控编程的一般步骤。

引导问题 5　为了更好地完成长方体零件的加工任务，请查找资料，结合数控铣床设备，完成以下指令的学习和图例编程任务。

1. 编程图例 1。

编程图例	要求用 G00，G01 指令编程，坐标系原点 O 是程序起始点，要求刀具由 O 点快速移动到 A 点，然后沿 AB，BC，CD，DA 实现直线切削，最后由 A 点快速返回程序起始点 O。
绝对坐标编程	
相对坐标编程	

2. 编程图例 2。

编程图例	要求用 G00，G01 指令编程，坐标系原点 O 是程序起始点，要求刀具由 O 点快速移动到 A 点，然后沿 A→B→C→D→E→A 进行编程，最后由 A 点快速返回程序起始点 O。
绝对坐标编程	
相对坐标编程	

五、工作准备

引导问题 1　为了更好地完成长方体零件的加工任务，请查找资料，结合数控铣床设备，回答以下夹具的相关问题。

1. 平口钳。

平口钳（见图 4-14）是一种常用的夹具，其夹紧力由_____控制，能够夹紧各种形状的工件，广泛应用于各种工件的夹持和加工。

2. 分度头。

分度头（见图 4-15）是一种夹具，主要用在数控铣床上进行复杂的分度加工。其结构包括旋转座、_____和_____等部分，通过旋转座和工作台的不断旋转，可以实现对工件的精确定位和分度加工。

图 4-14　平口钳

图 4-15　分度头

引导问题 2　为了更好地完成长方体零件的加工任务，请查找资料，结合数控铣床设备，回答以下刀具的相关问题。

1. 数控刀具刀柄的选择方法。

（1）直柄工具的刀柄。

此类刀柄主要有_____刀柄和_____刀柄。立铣刀刀柄的定位精度好、刚性强，能夹持相应规格的直柄立铣刀和其他直柄工具；弹簧夹头刀柄有自动定心、自动消除偏摆的优点，在夹持小规格的直柄工具时被广泛采用。

（2）各种铣刀刀柄。

三面刃铣刀选用_____刀柄（XS）系列，套式立铣刀选用_____刀柄（XM）系列，可转位面铣刀选用_____刀柄（XD）系列。莫氏柄立铣刀应选用_____莫氏孔刀柄。

（3）钻孔工具刀柄。

当进行精密零件加工时，钻夹头刀柄配上相应的钻夹头，可夹持_____钻头、中心钻等。莫氏锥柄钻头可选用_____刀柄。套式扩孔钻选用套扩、铰刀柄。

（4）攻螺纹工具刀柄。

它主要选用攻螺纹夹头，由_____刀柄和攻螺纹夹套两部分组成。

在数控加工行业中，以上四种刀柄发挥着不可或缺的作用，因此在此行业中广泛应用。

2. 铣刀的种类与选择。

（1）面铣刀（见图 4-16）的圆周表面和端面上都有切削刃，端部切削刃为_____刃。

（2）立铣刀（见图 4-17）的_____面和_____面上都有切削刃，它们可同时进行切削，也可单独进行切削。

图 4-16　面铣刀

图 4-17　立铣刀

（3）键槽铣刀（见图 4-18）有_____刀齿，圆柱面和端面都有切削刃，端面刃延至中心，既像立铣刀，又像钻头。

（4）鼓形铣刀（见图 4-19）的切削刃分布在半径为 R 的_____面上，端面无切削刃。

图 4-18　键槽铣刀

图 4-19　鼓形铣刀

（5）成形铣刀（见图 4-20）一般都是为特定的工件或加工内容专门设计制造的，如_____、凹槽、凸台等。

3. 数控铣床所用的刀具主要有三个要求，分别是_____。

4. 数控铣床所用的刀具主要为铣刀，包括_____，除此以外还有各种孔加工刀具，如_____。

5. 高速钢的铣刀常做成整体式，而硬质合金的铣刀结构常见的有三种，分别是整体式、_____式和_____式。

6. 立式铣刀的齿形有粗齿和细齿之分，常见的粗齿齿数有_____齿，细齿齿数有_____齿。

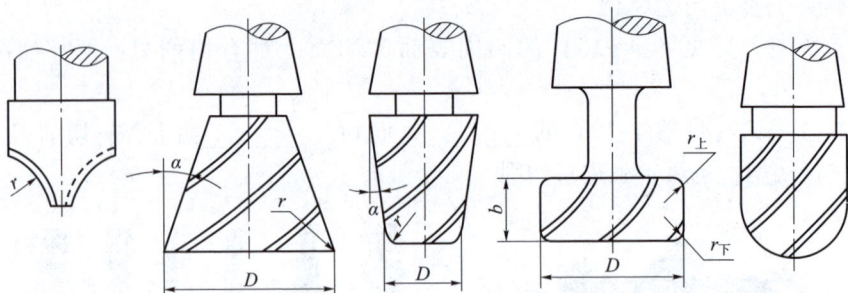

图 4-20　成形铣刀

7. 键槽铣刀主要用来_____，一般有_____齿。

8. 填写表 4-2，键槽铣刀与立铣刀的区别。

表 4-2　键槽铣刀与立铣刀的区别

刀具类型	键槽铣刀	立铣刀
齿数		
切削特点		
切削用量大小		

9. 在实际加工中，最常用的铣刀类型和材料是什么？

引导问题 3　为了更好地完成长方体零件的加工任务，请查找资料，回答以下量具的相关问题。

1. 千分尺。

（1）外径千分尺（见图 4-21）又称_____，常简称千分尺。它是比游标卡尺更精密的长度测量仪器，精度有 0.01 mm，0.02 mm，0.05 mm 几种，加上估读的 1 位，可读取到小数点后第 3 位（千分位），故称千分尺。它常用来测量外形尺寸，如外径、长度和厚度等。

（2）内径千分尺（见图 4-22）是根据_____原理进行读数的通用内径尺寸测量工具。它作为一种精密测量器具，主要用于光滑孔内径的检查，不宜用来测量毛坯面或正在运动的工件。

（3）深度千分尺（见图 4-23）是应用螺旋转动原理将_____运动变为直线运动的一种量具，用于机械加工中的深度、台阶等尺寸的测量。

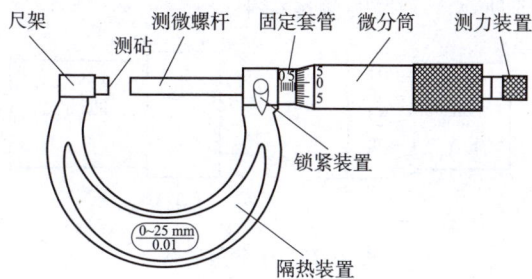

图4-21　外径千分尺

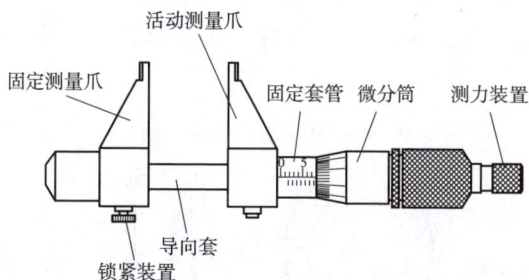

图4-22　内径千分尺

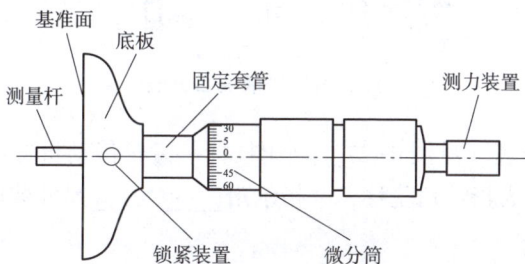

图4-23　深度千分尺

（4）尖头千分尺（见图4-24）是利用螺旋转动原理，对弧形尺架上_____或两锥形平测量面间分隔的距离进行读数的一种测量器具，主要用来测量零件的厚度、长度、直径及小沟槽，如钻头和偶数槽丝锥的沟槽直径等。

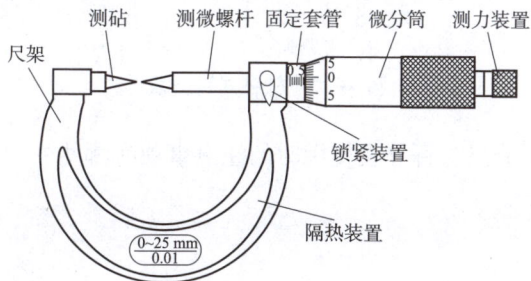

图4-24　尖头千分尺

（5）写出图 4-25 所示千分尺的测量结果。

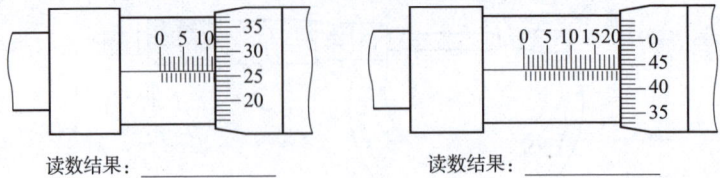

读数结果：_____

读数结果：_____

图 4-25　千分尺读数

2. 百分表。

（1）钟表式百分表（见图 4-26）是利用精密齿条齿轮机构制成的表式通用_____测量工具。它通常由测头、量杆、防振弹簧、齿条、齿轮、游丝、表盘及指针等组成。

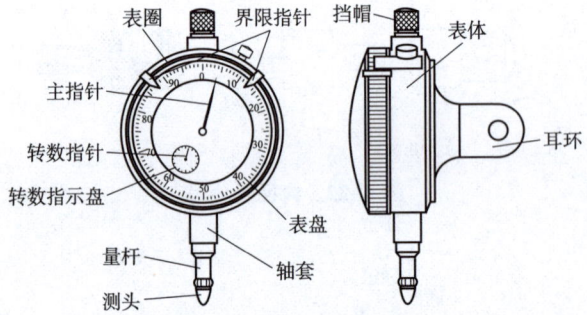

图 4-26　钟表式百分表

（2）杠杆式百分表（见图 4-27）利用杠杆—齿轮传动机构或杠杆—螺旋传动机构，将尺寸变化转换为指针角位移，并指示出_____尺寸数值的计量器具。

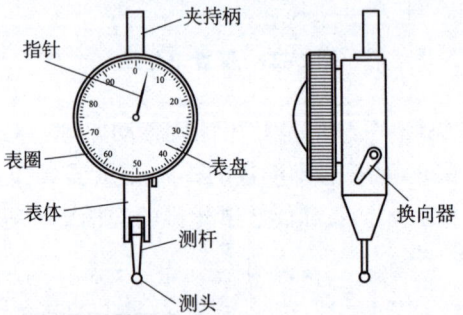

图 4-27　杠杆式百分表

3. 游标卡尺、千分尺、百分表使用时的注意事项有哪些？

六、计划与实施

引导问题 1　如何制定长方体零件的加工工艺？

1. 各小组分析、讨论并制定计划。

（1）根据加工要求，考虑现场的实际条件，小组成员共同分析、讨论并确定合理的长方体零件加工计划，填写在表 4-3 中。

表 4-3　长方体零件加工计划

序号	图示	加工内容	尺寸精度	注意事项	备注

（2）总结组内及组间对长方体零件加工计划的评价及改进建议。

（3）指导教师的评价与结论。

2. 各小组根据加工计划，完成工量刃具、设备和材料的准备工作，填写在表4-4中。

表4-4　工量刃具、设备和材料的准备

序号	工量刃具、设备和材料的名称	要求	数量

引导问题 2　各小组成员参考表4-5提供的长方体零件铣削参考加工路线，确定自己的加工工艺。

表4-5　长方体零件铣削参考加工路线

序号	加工图示	编程图示	仿真图示	加工参数设置
1				加工路线：面铣 刀具：φ12 mm 转速：4 500 r/min 进给速度（F）： 　2 000 mm/min
2				加工路线：外形 刀具：φ12 mm 转速：5 000 r/min 余量：0.25 mm 进给速度（F）： 　2 000 mm/min
3				加工路线：面铣 刀具：φ12 mm 转速：5 000 r/min 进给速度（F）： 　1 000 mm/min 精加工刀次：1

长方体零件-
上表面铣削
（立铣刀）

长方体零件-
上轮廓侧面
铣削

学习笔记

序号	加工图示	编程图示	仿真图示	加工参数设置
4				加工路线：外形精加工 刀具：φ12 mm 转速：5 000 r/min 进给速度（F）： 　800 mm/min 精加工刀次：3
5				加工路线：2D 倒角 刀具：φ6 mm 转速：6 000 r/min 进给速度（F）： 　1 000 mm/min
6				加工路线：面铣 刀具：φ12 mm 转速：4 500 r/min 进给速度（F）： 　2 000 mm/min
7				加工路线：外形 刀具：φ12 mm 转速：5 000 r/min 余量：0.25 mm 进给速度（F）： 　2 000 mm/min
8				加工路线：面铣 刀具：φ12 mm 转速：5 000 r/min 进给速度（F）： 　1 000 mm/min 精加工刀次：1
9				加工路线：外形精加工 刀具：φ12 mm 转速：5 000 r/min 进给速度（F）： 　800 mm/min 精加工刀次：3
10				加工路线：2D 倒角 刀具：φ6 mm 转速：6 000 r/min 进给速度（F）： 　1 000 mm/min

长方体零件-
下表面铣削
（立铣刀）

长方体零件-
下轮廓侧面铣削

引导问题 3　数控铣削加工的安全操作规范有哪些？

1. 安全提示。

（1）工作时应穿工作服、戴袖套。长发应戴工作帽，将长发塞入帽子里。禁止穿裙子、短裤和凉鞋操作机床。

（2）为防止切屑崩碎飞散，封闭型数控铣床在使用时必须关闭防护门。操作半开放式数控铣床时，工作人员必须戴防护眼镜。工作时，头部不能靠近工件加工区域，以防切屑伤人。

（3）工作时必须集中精力，避免手、身体和衣服靠近正在旋转的机件，如铣床主轴、工件、带轮、皮带、齿轮等。

（4）工件和铣刀必须装夹牢固，否则可能飞出造成伤害。

（5）在装卸工件、更换刀具、测量加工表面及变换速度时，必须先停机，再进行调整。

（6）数控铣床运转时，不得用手触摸刀具及加工区域。严禁用棉纱擦拭转动的铣削刀具。

（7）使用专用铁钩清除切屑，严禁用手直接清除。

（8）操作数控铣床时不得戴手套。

（9）不得随意拆装电气设备，以免发生触电事故。

（10）工作中若发现机床、电气设备有故障，要及时上报，由专业人员检修，故障未修复时不得使用。

2. 加工前的准备。

（1）选择使用的刀具应和数控铣床允许的参数规格相符，有严重破损的刀具要及时更换，以免造成设备和原料的损失。

（2）测试检测设备可动部分是否处于正常工作状态，工作台是否有越位或超限状态。

（3）检查电气元件是否牢固，是否有接线脱落现象。

（4）数控铣床开始工作前要预热，注意检查润滑系统工作是否正常。如果长时间未开机，先采用手动方式向各部分供油润滑，检查电压、气压、油压是否符合工作要求。

（5）调整刀具，所用工具不要遗忘在设备内。

（6）数控铣床开动前，必须关好防护门，检查卡盘夹紧工作的状态。

（7）刀具安装好后在正式加工零件前，应进行两次试切削。

3. 请以小组为单位查找数控铣床安全操作事故案例，并分析事故原因。

引导问题4 数控铣床加工前应如何对刀，如何装夹工件？

1. 数控铣床对刀的主要目的在于确定_____（程序原点）在机床坐标系中的位置，并将其数据输入相应的存储位置或通过 G92 指令设定。这一操作的准确性对于保证零件的加工精度至关重要。

2. 对刀方法。

根据现有条件和加工精度要求选择对刀方法，可采用试切法对刀、机内对刀仪对刀、自动对刀等。其中试切法对刀精度较低，加工中常用寻边器和 Z 向对刀器对刀，从而提高效率，并能保证对刀精度。

3. 常用的对刀器（见图4-28~图4-30）有_____、_____和机械式 Z 向对刀器。

图 4-28　机械偏心式寻边器　　　图 4-29　光电式寻边器　　　图 4-30　机械式 Z 向对刀器

（1）寻边器主要用于确定工件坐标系原点在机床坐标系中的 X，Y 值，也可以测量工件的简单尺寸。其中以偏心式较为常用，偏心式寻边器的测头一般为 4 mm 和____mm 的圆柱体，用弹簧拉紧在偏心式寻边器的测杆上。

（2）光电式寻边器的测头一般为 10 mm 的钢球，用弹簧拉紧在光电式寻边器的测杆上，碰到工件时可以退让，并将电路导通，发出_____。通过光电式寻边器的指示和机床坐标位置可得到被测外表的坐标位置。

（3）Z 向对刀器主要用于确定工件坐标系原点在机床坐标系的_____轴坐标，或者说是确定刀具在机床坐标系中的高度。

（4）Z 向对刀器有光电式和指针式等类型，通过光电指示或指针判断刀具与对刀器是否接触，对刀精度一般可达 0.005 mm。Z 轴设定器带有磁性表座，可以牢固地附着在工件或夹具上，其高度一般为____mm 或 100 mm。

4. 数控铣床对刀操作。

以精加工过的零件毛坯图4-31为例，采用光电式寻边器和 Z 向对刀器对刀，其步骤如下。

（1）X，Y 向对刀。

①用平口钳将工件装夹在机床工作台上，装夹时，工件的四个侧面都应留出寻边器的测量位置。

②快速移动工作台和主轴，让寻边器测头逐步靠近工件的左侧。

③当寻边器测头接近工件左侧时改用手轮操作，让寻边器测头慢慢接触工件左侧（见图4-32），此时光电式寻边器指示灯发光和发声，表明寻边器测头与工件左侧已经接触，此刻记录机床的 X 坐标值为 X_1。

④同理，使寻边器测头接触工件右侧（见图4-33），记录机床的 X 坐标值为 X_2，X_1 与 X_2 的平均值 $X(X=(X_1+X_2)/2)$，即为工件坐标原点在机床坐标系下 X 方向的坐标值。

⑤ 按照同样的方法获得 Y 方向的两个坐标值，即工件前侧和工件后侧（见图4-34）的两个值 Y_1 和 Y_2，Y_1 与 Y_2 的平均值 $Y(Y=(Y_1+Y_2)/2)$，即为工件坐标原点在机床坐标系下 Y 方向的坐标值。

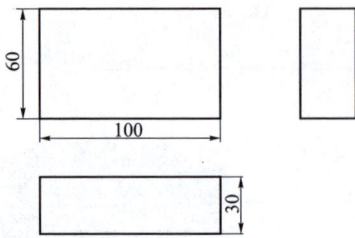

图 4-31　零件毛坯

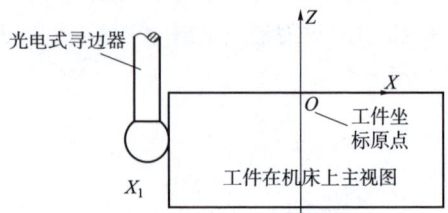

图 4-32　接触工件左侧

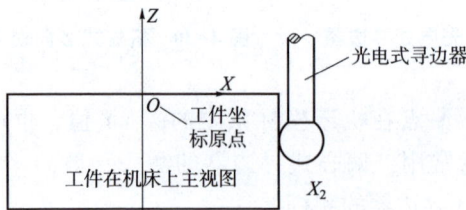

图 4-33　接触工件右侧

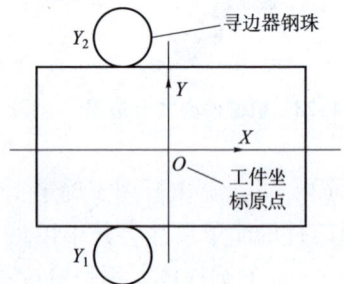

图 4-34　接触工件前后侧

（2）Z 向对刀。

① 卸下寻边器，将加工所用刀具装上主轴。

② 安装 Z 向对刀器（高度 50 mm），将校准的 Z 向对刀器安装在工件顶端的位置上。确保对刀器表面清洁，没有杂物或切屑，移动刀具到 Z 向对刀器正上方（见图4-35）。

③ 调整手摇脉冲发生器的量程至 0.1 mm 挡。

④ 使刀具以 0.1 mm 步距下降，刀尖与对刀器接触时 LED 指示灯亮灯。

⑤ 确认 LED 指示灯亮灯后，调整手摇脉冲发生器的量程至 0.01 mm 挡，然后旋转手摇脉冲发生器，使刀具向上移动一个单位，刀尖离开对刀器的瞬间，LED 指示灯熄灭，此时刀尖与对刀仪的间隙在 0.01 mm 以内。

⑥ 将手摇脉冲发生器的量程调至 0.001 mm 挡，缓慢向下移动刀具，使刀尖接触 Z 向对刀器，LED 亮灯时，刀具离工件上表面为 50 mm±0.001 mm（见图4-36）。

⑦ 此刻记录机床的 Z 坐标值为 Z_1，工件上表面在机床坐标系下的 Z 坐标值为 $Z=Z_1-50$。

（3）坐标设定。

将步骤（1）、步骤（2）得到的 X，Y，Z 值输入机床工件坐标系存储地址中（一般使用 G54～G59 指令存储对刀参数），这样，就找到了工件上表面的中心坐标值，对刀工作完成。

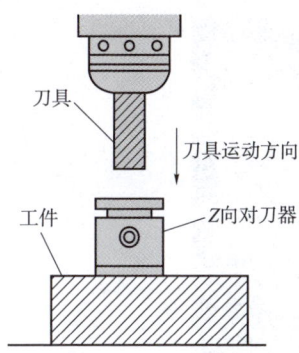

图 4-35　接触工件 1

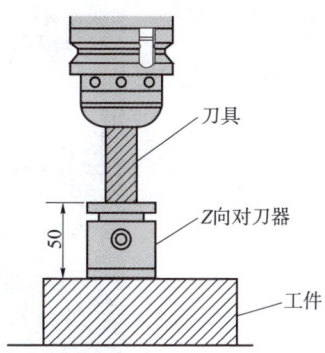

图 4-36　接触工件 2

5. 装夹工件时使用直角尺（见图 4-37），目的是保证工件加工面（见图 4-37 顶面）与侧面的_____。

6. 如图 4-38、图 4-39 所示，精加工前对平口钳拖表的目的是_____
_____。

图 4-37　直角尺垂直度检测

图 4-38　平口钳找正位置 1

图 4-39　平口钳找正位置 2

7. 加工第一个平面时，如图 4-40、图 4-41 所示的两种装夹方式，哪一种装夹方式更合理（粗基准的选择），请给出解释。

图 4-40　第一种装夹方式

图 4-41　第二种装夹方式

引导问题 5　数控铣床操作面板使用时有哪些注意事项？

1. 写出图 4-42 中 1~5 所指部分的名称和作用。

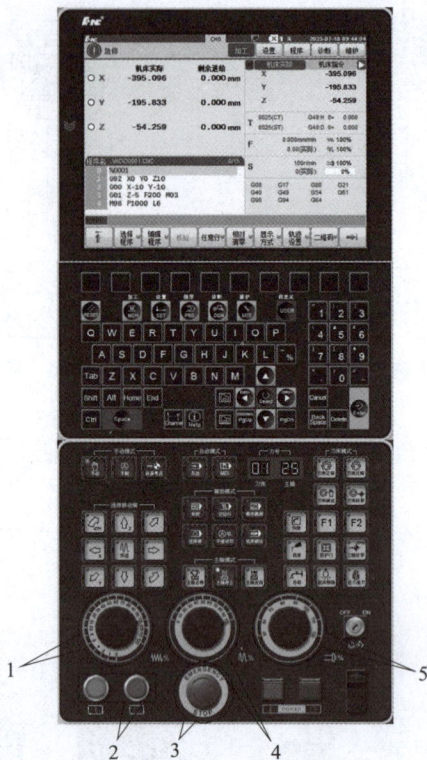

图 4-42　华中数控铣床 818DiM 控制面板

2. 写出图 4-43 所示手摇脉冲发生器里×1，×10，×100 各代表的意思。

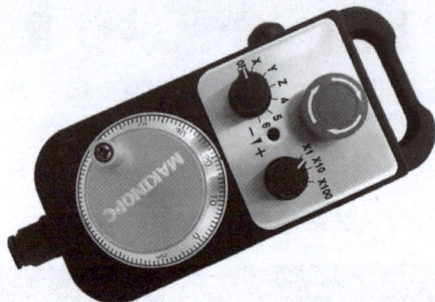

图 4-43　手摇脉冲发生器

3. 写出机床上电操作步骤。

4. 写出机床关机操作步骤。

引导问题6 数控铣床操作规程的基本内容是什么？

1. 对操作者的基本要求。

（1）操作者必须熟悉机床的_____、_____以及控制方法，严禁超性能使用机床。

（2）使用机床时，必须带上_____，穿好工作服，戴好_____。

（3）工作前，应按规定对机床进行检查，查明_____控制是否正常，各开关、手柄位置是否在规定位置上，润滑油路是否_____，油质是否_____，并按规定加_____。

（4）开机时应先注意_____和_____系统的调整，检查总系统的工作压力是否在额定范围内，溢流阀、顺序阀、减压阀等调整_____是否正确。

（5）开机时应低速运转____min，查看各部分运转是否正常。

（6）加工工件前，要将_____清理干净，必须进行模拟加工或试运行，严格检查调整加工原点、_____、_____、运动轨迹，注意工件安装是否牢固。

（7）工作中发生不正常_____或_____时，应立即_____排除，或者通知维修人员检修。

（8）工作完毕后，应及时_____机床，并将机床恢复到原始状态，各开关、手柄放于_____位置上，切断电源，认真执行好交接班制度。

（9）必须严格按照操作_____操作机床，未经管理人员同意，不允许其他人员私自_____机床。

（10）按动按键时用力适度，不得用力拍打键盘、_____和显示屏。

（11）禁止敲打_____、顶尖、导轨、_____等部件。

2. 操作前的具体要求。

（1）检查程序与_____或_____是否一致。

（2）检查_____与_____是否相符。

（3）检查刀具表内_____是否与程序内刀具信息一致，检查_____的完好程度。

（4）检查_____是否正确、_____的选择是否合理。

（5）确定机床_____及各个_____位置（进给倍率开关应为零）。

（6）机床_____后，CNC 装置尚未出现位置显示或报警画面时，不可碰手动数据输入（MDI）模式面板上的任何键。

（7）_____与 PMC 参数都是机床出厂设置的，通常不需要进行_____，如果必须修改参数，在修改前应对参数有全面、深入的了解。

（8）必须在确认_____夹紧后才能启动机床。

3. 加工过程中的具体规程。

（1）关闭防护门，启动机床，各个_____手动或自动回零。

（2）对刀，确定_____原点的位置。

（3）运行程序，观察机床动作以及进给方向与程序是否_____。

（4）当_____、刀具位置、剩余量三者相符后，逐渐_____进给倍率开关。

（5）正常加工需暂停程序时，应先将倍率开关_____关至零位。

（6）中断程序后恢复加工时，_____进给至原加工位置，再逐渐恢复到正常切削速率。

4. 异常情况处理。

（1）当机床因报警而停机时，应先_____报警信息，将_____安全移出加工位置，确定排除警报故障后，才可恢复加工。

（2）当发生紧急情况时，应迅速停止程序，必要时可按_____按钮。

5. 加工完毕后要做的工作。

（1）清理机床。

（2）关机时先关闭_____再关闭_____电源。

七、总结与评价

引导问题1 如何使用合适的量具检测长方体零件的加工质量?

1. 请把检测结果填写在长方体零件评分表 4-6 中，并进行评分。

表 4-6　长方体零件评分表

学生姓名			学生学号			总时间			
项目名称		长方体加工		图号		SXXS01-01-01	总成绩		
尺寸及形位公差	序号	配分/分	评分项	公称尺寸/mm	上偏差/mm	下偏差/mm	上极限尺寸/mm	下极限尺寸/mm	实际尺寸/mm	得分/分
	1	12	长	148	0.05	−0.05	148.05	147.95		
	2	12	宽	98	0.05	−0.05	98.05	97.95		
	3	12	高	48	0.05	−0.05	48.05	47.95		
	4	12	平行度							
	5	12	垂直度							
	6	10	粗糙度							

主观评判	序号	配分/分	评分项	情况记录	得分/分
	1	5	零件加工要素完整度		
	2	5	零件损伤（振纹、夹伤、过切）		
	3	5	倒角、去毛刺情况		

职业素养	序号	配分/分	规范要求	情况记录	得分/分
	1	2	工具、量具、刀具分区摆放		
	2	2	工具摆放整齐、规范、不重叠		
	3	1	量具摆放整齐、规范、不重叠		
	4	1	刀具摆放整齐、规范、不重叠		
	5	1	防护佩戴规范		
	6	1	工服、工帽、工鞋穿戴规范		
	7	1	加工后清理现场、清洁及其他		
	8	1	现场表现		

其他	序号	配分/分	评分项	情况记录	得分/分
	1	5	是否更换毛坯		

2. 请根据评分表 4-6 填写技术总结表 4-7。

表 4-7　技术总结表

技术总结		
学生总结		教师评价
存在的问题	改进方向	
学生姓名	日期	

引导问题 2　能否针对本项目所学的知识进行自我评价与总结？

1. 请填写长方体零件加工学习效果自我评价表 4-8。

表 4-8　长方体零件加工学习效果自我评价表

序号	学习任务内容	学习效果			备注
		优秀	良好	较差	
1	写出数控铣床工艺特点				
2	数控铣床由哪几个部分组成，有哪些典型的系统				
3	写出数控铣床坐标轴和刀具运动方向的特点				
4	在编程过程中，如何做到人机结合，写出编程代码格式及常用的代码				
5	如何将一张图纸转变成为数控铣床能识别的语言				
6	写出常用的 M 代码指令				
7	写出编程步骤及工艺分析方法				
8	写出常用数控铣床的刀具				
9	如何制定长方体零件的加工工艺				
10	实施过程中要注意哪些问题				
11	写出数控铣床操作规程的基本内容				

2. 总结不足与需要改进的地方。

（1）通过以上检测，分析自己所做零件的不足以及解决办法。

（2）写出在操作过程中存在的问题和需要改进的地方。

八、拓展训练

引导问题 1 有关数控机床发展的重要历史时间节点有哪些？

数控机床的产生发展如下所述。

1. 1948 年，美国帕森斯（Parsons）公司接受美国空军委托，研制飞机螺旋桨叶片轮廓样板的加工设备。由于样板形状复杂多样，精度要求高，一般加工设备难以适应，于是提出计算机控制机床的设想。1949 年，该公司在美国麻省理工学院伺服机构研究室的协助下，开始数控机床研究，并于 1952 年试制成功第一台由大型立式仿形铣床改装而成的三坐标数控铣床。

2. 1959 年，美国克耐·杜列克公司（Keaney & Trecker）首次成功开发了加工中心（machining center，MC），这是一种有自动换刀装置和回转工作台的数控机床，可以在一次装夹中对工件的多个平面进行多工序的加工。

3. 1967 年，英国莫林斯（Molins）公司建成首条柔性制造系统（FMS），标志着机械制造行业进入了一个新的发展阶段。

4. 20 世纪 80 年代后期，出现了以加工中心为主体，再配上工件自动检测与装卸装置的柔性制造单元（FMC）。FMC 和 FMS 技术是实现 CIMS 的重要基础。

5. 20 世纪 90 年代出现了第一台 CIMS。这是一种利用计算机的软硬件、网络等现代高技术，将企业的经营、管理、计划、产品设计、加工制造、销售及服务等环节与人力、物力、财力等生产要素集成起来的系统，是当今最先进的生产管理方式。

引导问题 2 检测的方法和注意事项有哪些？

1. 测量知识名词解释。

（1）测量对象：_____。

（2）计量单位：_____。

（3）测量方法：_____。

（4）测量精度：_____。

2. 测量误差及其表示（填写公式）。

（1）绝对误差：_____。

（2）相对误差：_____、_____。

3. 根据误差出现的规律，可以将测量误差分为_____、_____和粗大误差三种基本类型。

4. 使用量具注意事项。

（1）测量前应把工件的_____、_____的表面及量具_____干净，以免影响测量结果。

（2）测量前，应先_____与校正_____的误差。

（3）在测量过程中，量具及工件必须_____，特别是量具不能随意摆放，使用完后必须_____，放回原处。

（4）使用量具时要注意_____不能过大，以免影响_____的精度和测量表面。

5. 测量误差产生的原因有哪些？

引导问题 3 数控机床的维护、保养有哪些检查内容和要求？

请参考表 4-9 中检查部位的内容，填写其他空缺处的内容。

表 4-9 数控系统与机床的维护一览表

序号	检查周期	检查部位	检查内容及要求
1		导轨润滑油箱	
2		主轴润滑恒温油箱	
3		机床液压系统	
4		压缩空气气源压力	
5		气源自动分水滤气器和自动空气干燥器	
6		气液转换器和增压器油面	
7		X，Y，Z 轴导轨面	
8		液压平衡系统	
9		CNC 输入、输出单元	
10		各防护装置	
11		电气柜各散热通风装置	
12		各电气柜、过滤网	
13		冷却油箱、水箱	
14		废油池	
15		排屑器	
16		检查主轴驱动皮带	
17		各轴导轨上镶条、压紧滚轮	
18		直流伺服电动机碳刷	
19		液压油路	
20		润滑油泵、过滤器	
21		滚珠丝杠	
22		系统后备电池	
23		CNC 系统长期不用时	

引导问题 4 制定零件加工工艺和编程，并进行加工和评分。

1. 请根据图 4-44 所示的凸台零件图进行零件的编程加工，并把检测结果填写在凸台零件评分表 4-10 中。

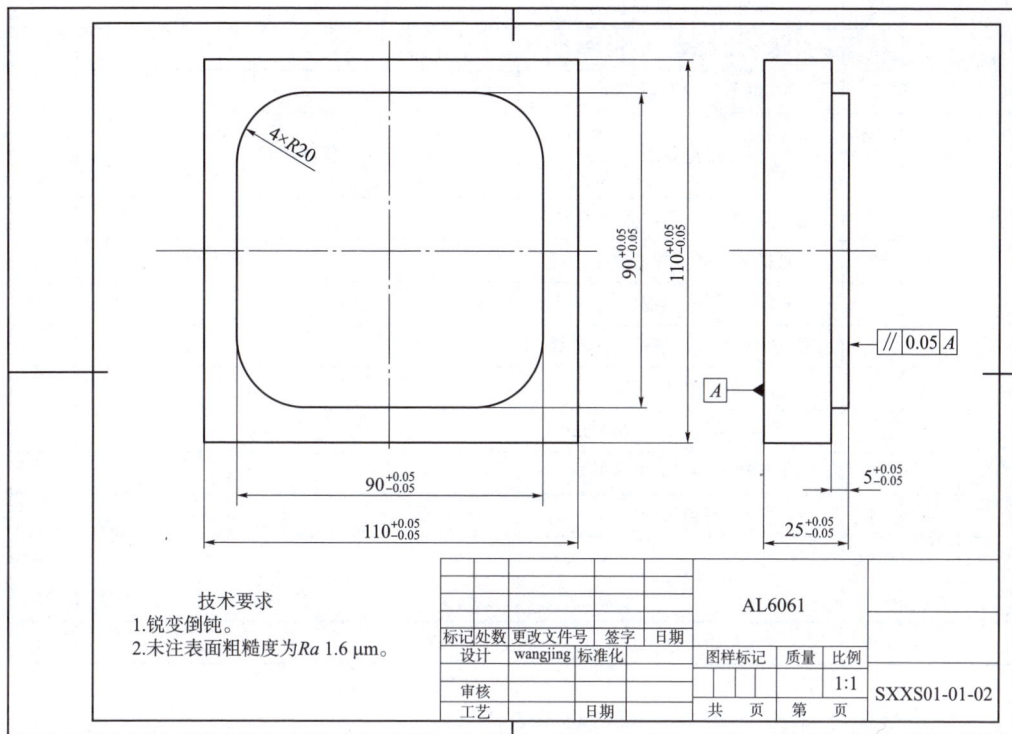

凸台零件–
上表面铣削
（盘铣刀）

图 4-44 凸台零件图

表 4-10 凸台零件评分表

学生姓名			学生学号			总时间			
项目名称		凸台零件加工		图号		SXXS01-01-02	总成绩		
	序号	配分/分	评分项	公称尺寸/mm	上偏差/mm	下偏差/mm	上极限尺寸/mm	下极限尺寸/mm	实际尺寸/mm	得分/分
尺寸及形位公差	1	8	长	110	0.05	−0.05	110.05	109.95		
	2	8	宽	110	0.05	−0.05	110.05	109.95		
	3	8	高	25	0.05	−0.05	25.05	24.95		
	4	8	长	90	0.05	−0.05	90.05	89.95		
	5	8	宽	90	0.05	−0.05	90.05	89.95		
	6	8	高	5	0.05	−0.05	5.05	4.95		
	7	8	R	20	0.1	−0.1	20.1	19.9		
	8	8	平行度	平行度超差不得分						
	9	6	粗糙度	粗糙度超差扣 1 分/处，扣完为止						

主观评判	序号	配分/分	评分项	情况记录	得分/分
	1	5	零件加工要素完整度		
	2	5	零件损伤（振纹、夹伤、过切）		
	3	5	倒角、去毛刺情况		

职业素养	序号	配分/分	规范要求	情况记录	得分/分
	1	2	工具、量具、刀具分区摆放		
	2	2	工具摆放整齐、规范、不重叠		
	3	1	量具摆放整齐、规范、不重叠		
	4	1	刀具摆放整齐、规范、不重叠		
	5	1	防护佩戴规范		
	6	1	工服、工帽、工鞋穿戴规范		
	7	1	加工后清理现场、清洁及其他		
	8	1	现场表现		

其他	序号	配分/分	评分项	情况记录	得分/分
	1	5	是否更换毛坯		

2. 请根据评分表 4-10 填写技术总结表 4-11。

表 4-11 技术总结表

技术总结		
学生总结		教师评价
存在的问题	改进方向	
学生姓名	日期	

凸台零件-凸台轮廓铣削

凸台零件-下表面铣削（盘铣刀）

项目五　精密平口钳压板的加工

一、项目描述

本项目通过精密平口钳压板的手工编程制作，让学生掌握 G02，G03 指令的使用，利用刀具半径补偿指令对简单零件外形进行编程，利用手工编程进行面铣、平面轮廓铣编程，最终在数控铣床上进行零件加工，并能对加工零件进行检测。本项目加工的零件为图 5-1 所示精密平口钳的零件 5 压板。压板零件外形示意如图 5-2 所示，压板零件图如图 5-3 所示。

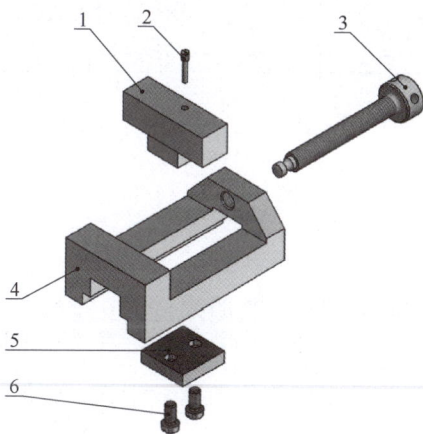

图 5-1　精密平口钳爆炸图

1—活动钳口；2—限位螺栓；3—丝杆；
4—钳身；5—压板；6—螺栓

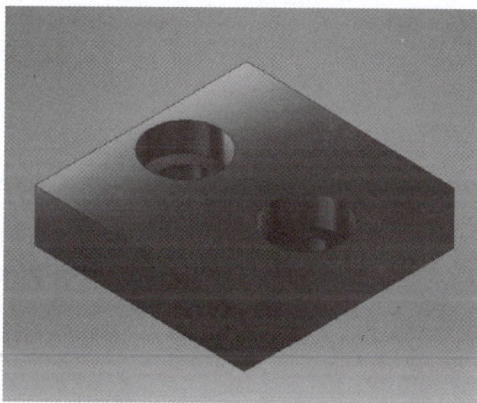

图 5-2　压板零件外形示意

二、职业素养

专注不仅是技能人才个人职业发展的基石，也是推动制造业和社会整体进步的关键因素。这种全神贯注于专业技能的积累是职业教育中工匠精神培育的目标之一。本项目中拓展训练任务在项目一拓展训练任务的基础上，增加了新的加工任务。之所以这样设计，就是希望学生通过完成这两个有递进关系的不同加工项目，掌握同类零件的不同加工工艺，培养他们专注于如何更好地加工零件。通过培养专注的技能人才，可以为国家的高质量发展提供坚实的人才支撑。

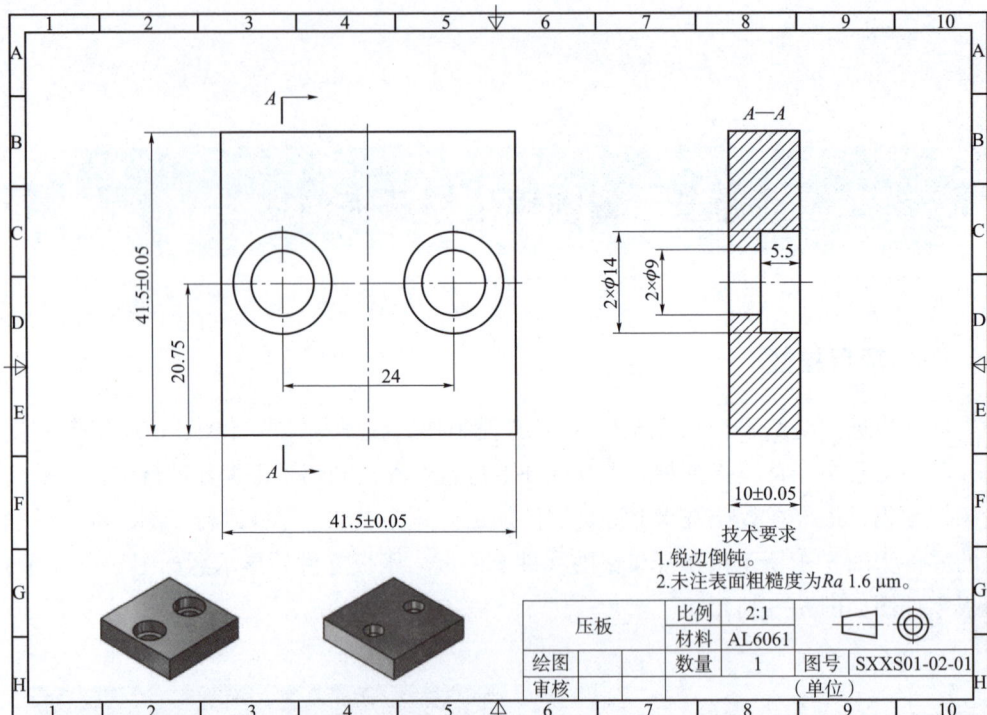

图 5-3　压板零件图

三、学习目标

（一）素质目标

1. 培养良好的职业道德，养成工作行为符合职业规范、文明规范、安全操作规范的行为习惯。

2. 培养严谨的思维方式和工作态度，保证每一道工序都能够精益求精，确保工件的加工质量。

3. 培养团队合作精神，建立与他人互信、尊重、紧密配合的关系，共同完成工作任务，提高工作效率。

4. 培养学习能力，加强知识的积累和沉淀，不断学习新的技术和知识，不断提升自己的专业水平，以适应快速发展的制造业环境。

（二）知识目标

1. 掌握机床坐标系、工件坐标系、编程坐标系的定义和彼此间的关系。

2. 掌握程序的组成和格式。

3. 掌握程序中准备功能字 G、进给功能字 F、主轴转速功能字 S、刀具功能字 T、辅助功能字 M 等各常用代码的含义。

4. 掌握 G02，G03 指令的定义，进行简单编程，并在教师指导下用模拟软件验证程序。

（三）能力目标

1. 能够调出程序进行自动空运行，并判断程序和加工工艺是否合理。

2. 能够根据加工工艺文件的要求，完成刀具、夹具、量具、毛坯的选用。

3. 能够正确运用刀具半径补偿指令 G41，G42，G40 编程，能够根据零件图完成铣削零件程序的编写和加工。

4. 能够正确运用 G81，G83，G73，G80 等钻孔指令进行孔特征零件的编程和加工。

5. 能够对工件进行质量自检和误差分析，评价工艺方案，并提出改进建议。

6. 能够对数控机床加工前、加工中、加工后进行日常维护。

四、知识储备

引导问题 1 为了更好地完成压板零件的加工任务，请查找资料，结合数控铣床设备，回答下面圆弧代码编程格式的相关问题。

1. 根据圆弧插补指令的格式，完成表 5-1 的填写。

（1）xy 平面上的圆弧：$G17 \begin{Bmatrix} G02 \\ G03 \end{Bmatrix} X\_\_ \ Y\_\_ \begin{Bmatrix} I\_\_ \quad J\_\_ \\ R\_\_ \end{Bmatrix} F\_\_$；

（2）xz 平面上的圆弧：$G18 \begin{Bmatrix} G02 \\ G03 \end{Bmatrix} X\_\_ \ Z\_\_ \begin{Bmatrix} I\_\_ \quad K\_\_ \\ R\_\_ \end{Bmatrix} F\_\_$；

（3）yz 平面上的圆弧：$G19 \begin{Bmatrix} G02 \\ G03 \end{Bmatrix} Y\_\_ \ Z\_\_ \begin{Bmatrix} J\_\_ \quad K\_\_ \\ R\_\_ \end{Bmatrix} F\_\_$；

表 5-1　圆弧插补指令解释

序号	数据内容		指令	含义
1	平面选择		G17	圆弧在（　）平面上
			G18	圆弧在（　）平面上
			G19	圆弧在（　）平面上
2	圆弧旋转方向		G02	（　）时针方向
			G03	（　）时针方向
3	终点位置	G90 模式	X，Y，Z 中的两轴指令	
		G91 模式	X，Y，Z 中的两轴指令	
4	起点到圆心的距离		I，J，K 中的两轴指令	I 表示（　　　）
				J 表示（　　　）
				K 表示（　　　）
5	圆弧半径		R	
6	进给速率		F	

2. 圆弧方向的判别。

参考图 5-4~图 5-7，查找学习资料，回答下面的问题。

（1）在 G90 模式，即＿＿＿＿＿＿模式下，地址 X，Y，Z 给出了圆弧＿＿＿＿＿＿

在当前坐标系中的坐标值；在_____模态，即增量值模态下，地址 X，Y，Z 给出的是在各坐标轴方向上当前刀具所在点到_____的距离。

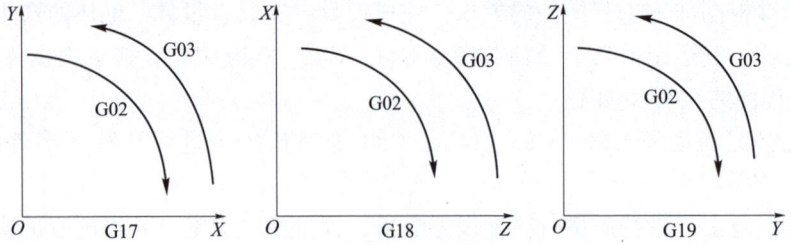

图 5-4　圆弧方向的判别

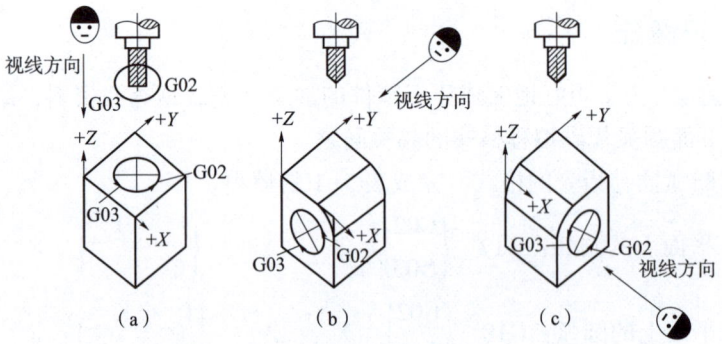

（a）　　　　　　　　（b）　　　　　　　　（c）

图 5-5　圆弧的观察方向

（a）XY 平面（G17）；（b）ZX 平面（G18）；（c）YZ 平面（G19）

（2）如图 5-6 所示，用圆弧半径 R 编程时，当圆弧圆心角≤180°时 R 为_____；当圆弧圆心角>180°时 R 为_____；圆心角=360°时为整圆，则不能用 R 编程，只能用_____编程。

（3）I，J，K 为_____相对于_____的偏移值，如图 5-7 所示，无论在 G90 模态还是在 G91 模态下，都是以_____方式指定。

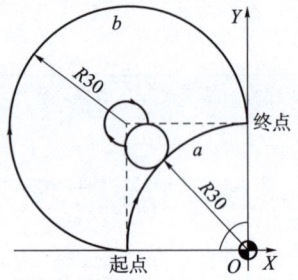

图 5-6　圆弧半径的正负

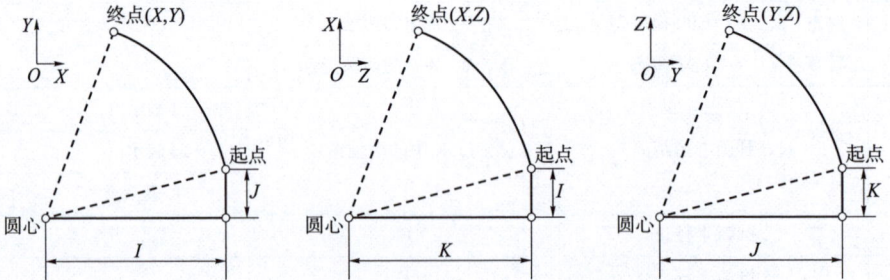

图 5-7　圆弧半径 I，J，K 的选用

3. 分别用绝对坐标、增量坐标，运用 R 或 I，J 完成表 5-2 中劣弧 AB、优弧 BCA 和整圆的编程，并填写在表 5-2 中。

表 5-2　圆弧编程练习

劣弧 AB	绝对坐标编程：_____ 或 _____	
	增量坐标编程：_____ 或 _____	
优弧 BCA	绝对坐标编程：_____ 或 _____	
	增量坐标编程：_____ 或 _____	
整圆	绝对坐标编程：_____	
	增量坐标编程：_____	

引导问题 2　为了更好地完成压板零件的加工任务，请查找资料，结合数控铣床设备，回答下面铣削的相关问题。

1. 铣削有顺铣和逆铣两种方式，参考图 5-8 回答下列问题。

（1）顺铣是指铣刀的_____方向与工件的_____方向相同时的铣削。

（2）逆铣是指铣刀的切削速度方向与工件的进给运动方向相反时的铣削。

（a）　　　　　（b）

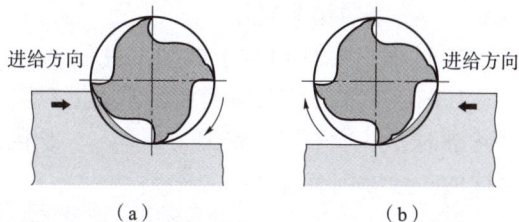

图 5-8　铣削方式

（a）逆铣；（b）顺铣

（3）请将顺铣、逆铣的优缺点和应用场合填写在表 5-3 中。

表 5-3　顺铣、逆铣优缺点和应用场合

名称	优点	缺点	应用场合
顺铣			
逆铣			

2. 数控铣削主要特点有哪些？

引导问题 3　为了更好地完成压板零件的加工任务，请查找资料，结合数控铣床设备，回答下面数控铣床刀具选择的相关问题。

1. 常见的模具铣刀有哪些？

2. 填写数控铣刀的应用选择表 5-4。

表 5-4　数控铣刀的应用选择

铣刀类型	结构特点	应用场合（选择）
面铣刀	圆周表面和端面都有切削刃	
立铣刀	圆柱表面和端面都有切削刃	
成形铣刀	专门设计	
键槽铣刀	两个刀齿、圆柱面和端面都有切削刃	
模具铣刀	球头或端面上布满切削刃、圆锥刃与球头刃圆弧连接	
鼓形铣刀	切削刃分布在半径为 R 的圆弧面上，端面无切削刃	

引导问题 4　为了更好地完成压板零件的加工任务，请查找资料，结合数控铣床设备，回答下面确定加工走刀路线的相关问题。

1. 走刀路线是数控加工过程中刀具相对于被加工件的_____和方向。走刀路线的确定非常重要，因为它与零件的加工精度和表面质量密切相关。

2. 铣削平面零件外轮廓时，一般采用立铣刀_____切削。

3. 确定加工走刀路线的一般原则有哪些？

4. 铣削外轮廓的进给路线。

（1）法线方向进、退刀（见图5-9），进给路线短，方便计算点坐标，但加工表面_____，通常粗加工可以使用，精铣时不采纳此种加工路线。

（2）延长线方向进、退刀（见图5-10），优点是加工表面_____，粗、精加工都可以使用。

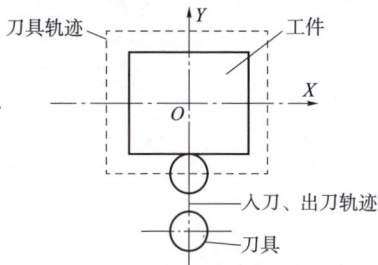

图5-9　法线方向进、退刀

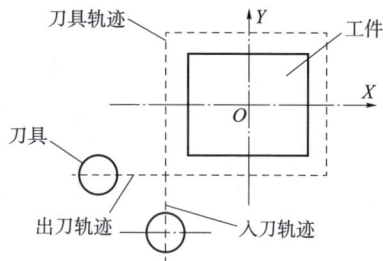

图5-10　延长线方向进、退刀

（3）圆弧切向进、退刀（见图5-11），优点是加工表面_____，粗、精加工都可以使用。

（4）切线方向切入和切出（见图5-12、图5-13），坐标计算复杂，但加工表面_____。

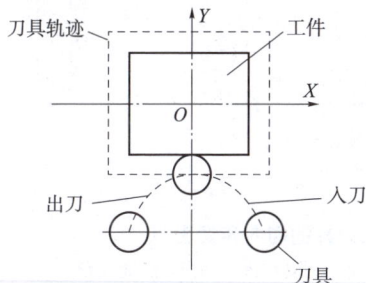

图5-11　圆弧方向进、退刀

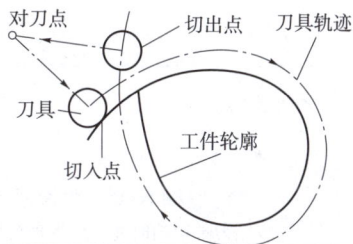

图5-12　切线方向切入和切出

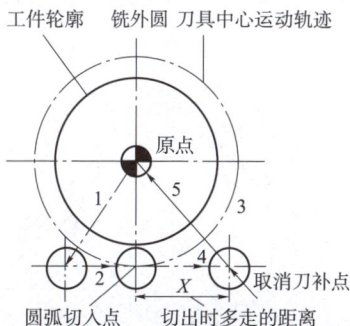

图5-13　加工外圆弧切线方向切入和切出

（5）铣削外轮廓时，刀具不能沿工件轮廓曲线的_____切入、切出，而应沿零件轮廓的延长线或切线方向切入、切出。

5. 铣削内轮廓的进给路线。

（1）铣削封闭的内轮廓表面时，若内轮廓曲线允许外延，则应沿切线方向切入、切出。若内轮廓曲线不允许外延（见图 5-14），则刀具只能沿内轮廓曲线的法向切入、切出，并将其切入、切出点选在零件轮廓两个几何元素的_____。

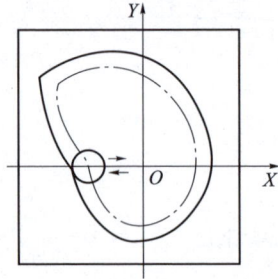

图 5-14　内轮廓加工刀具的切入和切出

（2）当内部几何元素相切无_____时（见图 5-15），为防止刀补取消时在轮廓拐角处留下凹口（见图 5-15（a）），刀具切入、切出点应远离拐角（见图 5-15（b））。

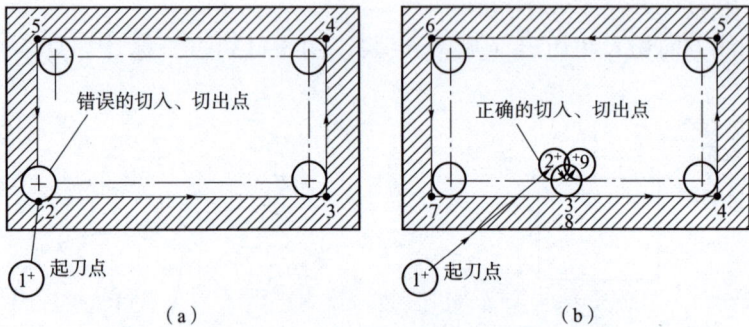

（a）　　　　　　　　　　　　　（b）

图 5-15　无交点内轮廓加工刀具的切入和切出

（a）刀补取消时在轮廓拐角处留下凹口；（b）刀具切入、切出点远离拐角

（3）当用圆弧插补铣削内圆弧时也要遵循从切向切入、切出的原则，最好安排从圆弧过渡到圆弧的加工路线，如图 5-16 所示，这样可以提高内孔表面的加工质量。

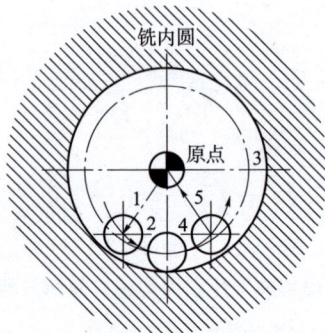

图 5-16　内圆铣削

6. 铣削内槽的进给路线。

内槽是指以封闭曲线为边界的平底凹槽，一律用平底立铣刀加工，刀具半径应符合内槽的图样要求，常见凹槽加工进给路线如图 5-17 所示。

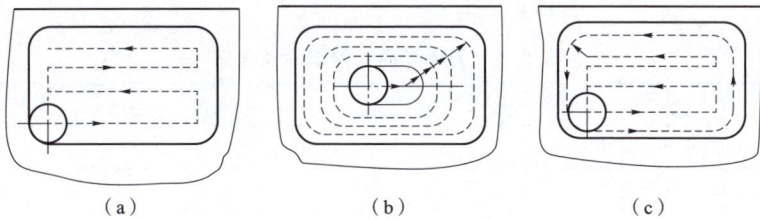

（a）　　　　　　　　（b）　　　　　　　　（c）

图 5-17　常见凹槽加工进给路线

（a）行切法；（b）环切法；（c）行切+环切法

7. 孔系加工的进给路线。

（1）加工位置精度要求较高的孔系时，应特别注意安排孔的加工顺序。合理安排孔加工定位路线能提高孔的位置精度，若安排不当，就可能将坐标轴的_____间隙带入，直接影响孔的位置精度。

（2）如图 5-18 所示，在 XY 平面内加工 A，B，C，D 四个孔，安排孔加工路线时一定要注意各孔定位方向的一致性，即采用单向趋近定位方法，完成 C 孔加工后往_____多移动一段距离，然后返回加工 D 孔。这样的定位方法可避免因传动系统反向间隙而产生_____，提高了 D 孔与其他孔之间的位置精度。

（3）如图 5-19 所示，加工位置精度要求较高的孔系时，应选择的最短加工路线为_____。

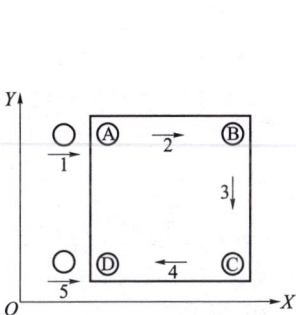

图 5-18　孔加工路线示意

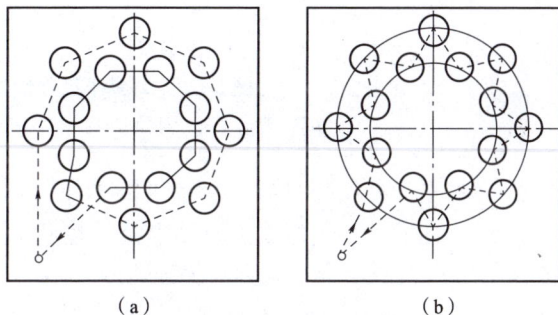

图 5-19　最短加工路线选择

（a）_____；（b）_____

引导问题 5　为了更好地完成压板零件的加工任务，请查找资料，结合数控铣床设备，回答下面刀具半径补偿的相关问题。

1. 在应用刀具半径补偿编程时可以直接按_____编程。这样即使刀具在因磨损、重磨或更换后直径发生改变，也不必修改程序，只需改变半径补偿参数，从而简化编程。

2. 刀具半径补偿值不一定等于刀具_____。同一加工程序，采用同一刀具可通过修改刀补的办法实现对工件轮廓的粗、精加工；同时也可通过修改半径补偿值获得所需要的尺寸精度。

3. 根据刀具半径补偿指令的格式，完成表 5-5 的填写。

$$\begin{Bmatrix} G17 \\ G18 \\ G19 \end{Bmatrix} \begin{Bmatrix} G41 \\ G42 \end{Bmatrix} \begin{Bmatrix} G00 \\ G01 \end{Bmatrix} \begin{Bmatrix} X\_Y\_ \\ X\_Z\_ \\ Y\_Z\_ \end{Bmatrix} D\_\_;$$

表 5-5 刀具半径补偿指令及含义

序号	内容	指令	含义
1	刀具半径左补偿		
2	刀具半径右补偿		
3	取消刀具半径补偿		

4. 刀具半径补偿方向的判别，参考图 5-20 回答下面的问题。

（1）G41——刀具半径左补偿，是指沿着刀具运动方向向前看（假设工件不动），刀具位于工件切削轮廓左侧的刀具半径补偿，这时相当于＿＿＿＿＿＿铣。

（2）G42——刀具半径右补偿，是指沿着刀具运动方向向前看（假设工件不动），刀具位于工件切削轮廓右侧的刀具半径补偿，这时相当于＿＿＿＿＿＿铣。

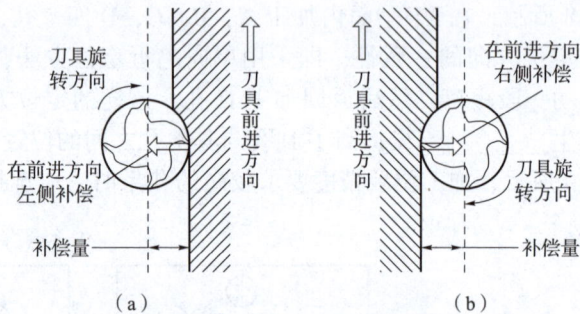

图 5-20 刀具半径补偿方向判别
（a）刀具半径左补偿 G41；（b）刀具半径右补偿 G42

5. 刀具半径补偿的过程，参考图 5-21 回答下面的问题。

（1）刀具半径补偿建立。刀具半径补偿建立是指刀具从起点接近工件时，刀具中心从与编程轨迹重合过渡到与编程轨迹＿＿＿＿＿＿一个偏置量的过程。该过程的实现必须有 G00 或 G01 指令才有效，不能使用 G02 指令或 G03 指令。

（2）刀具半径补偿执行。在 G41 或 G42 程序段后，程序进入补偿模式，此时刀具中心与编程轨迹始终相距一个偏置量，直到刀具半径补偿＿＿＿＿＿＿。

（3）刀具半径补偿取消。刀具离开工件时，刀具中心轨迹过渡到与编程轨迹＿＿＿＿＿＿的过程称为刀具半径补偿取消。刀具半径补偿取消用 G00 指令或 G01 指令来执行，也不能使用 G02 指令或 G03 指令。

6. 刀具半径补偿路径如图 5-22~图 5-25 所示。

7. 建立刀具半径补偿和取消刀具半径补偿时的注意事项。

（1）建立刀具半径补偿的程序段，应在切入工件＿＿＿＿＿＿完成；而取消刀具半径补偿的程序段，应在切出工件之后完成。而且 G41（或 G42）指令后面必须有刀具半径补偿值 D，取消刀具半径补偿时不用输入值 D。

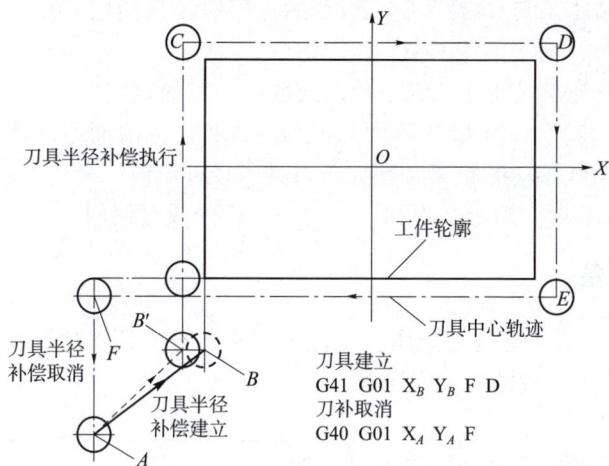

图 5-21　刀具半径补偿的过程

刀具半径补偿执行

工件轮廓

刀具中心轨迹

刀具半径
补偿取消

刀具半径
补偿建立

刀具建立
G41　G01　X_B　Y_B　F　D
刀补取消
G40　G01　X_A　Y_A　F

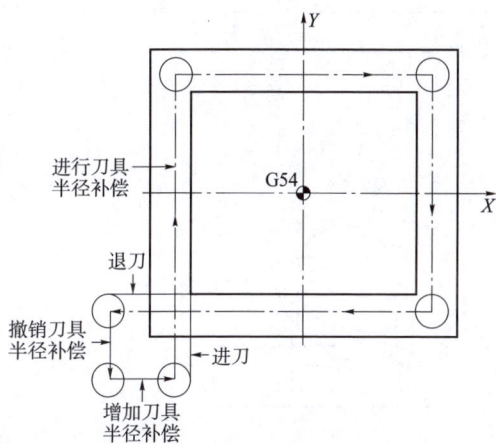

进行刀具
半径补偿

退刀

撤销刀具
半径补偿

进刀

增加刀具
半径补偿

G54

图 5-22　刀具半径补偿路径 1

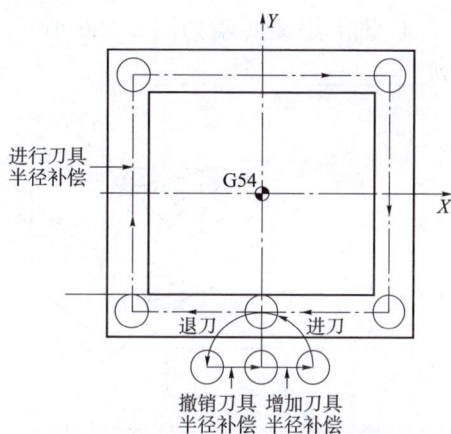

进行刀具
半径补偿

退刀　　进刀

撤销刀具　增加刀具
半径补偿　半径补偿

G54

图 5-23　刀具半径补偿路径 2

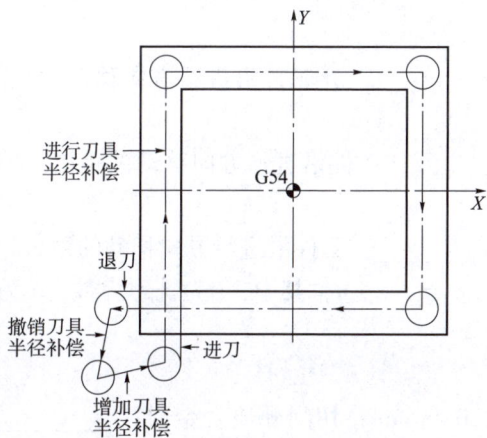

进行刀具
半径补偿

退刀

撤销刀具
半径补偿

进刀

增加刀具
半径补偿

G54

图 5-24　刀具半径补偿路径 3

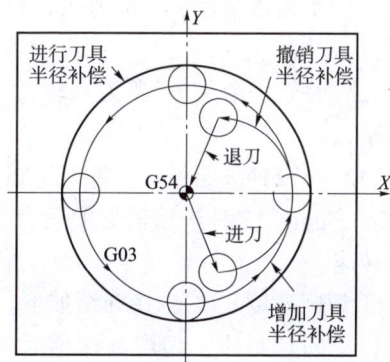

进行刀具
半径补偿

撤销刀具
半径补偿

退刀

进刀

G54

G03

增加刀具
半径补偿

图 5-25　刀具半径补偿路径 4

（2）在包含 G41（或 G42），G40 指令的程序段，只能用 G01 指令或_____（一般用 G01 指令），而不能用 G02，G03 指令。

（3）刀具半径补偿只能在二维平面内长度不为零的直线内进行，也就是说在 G17 平面内 G41（或 G42），G40 指令后面只能跟 X，Y 坐标值而不能跟_____坐标值，而且 G01 或 G00 移动的距离必须大于刀具半径补偿值。

（4）G41（或 G42）指令必须和_____指令成对使用。

五、工作准备

引导问题 1 为了更好地完成压板零件的加工任务，请查找资料，结合数控铣床设备，回答下面铣削用量的相关问题。

1. 铣削用量有_____。

2. 铣削用量的确定原则是粗加工时注重_____，半精加工、精加工时注重_____。

3. 铣削用量的选择方法是_____。

4. 铣削用量要素如图 5-26 所示，a_p 为_____，a_e 为_____，v_c 为_____，v_f 为_____。

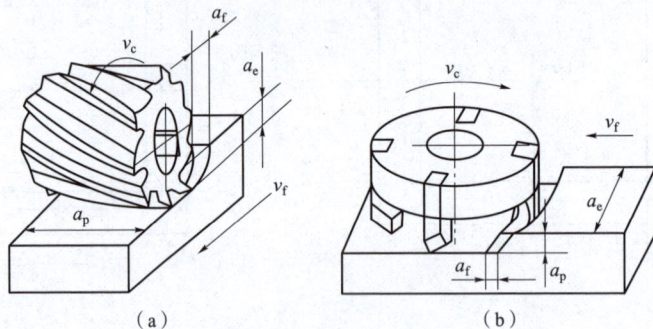

图 5-26 铣削用量要素

（a）圆周铣削；（b）端面铣削

5. 铣削进给量的三种表示方法如下。

（1）每齿进给量 f_z，铣刀每转过一个_____，工件沿进给方向移动的距离，单位为 mm/齿。

（2）每转进给量 f，铣刀每转过_____，工件沿进给方向移动的距离，单位为 mm/r。

（3）每分钟进给量 v_f，铣刀每旋转_____，工件沿进给方向移动的距离，单位为 mm/min。三种进给量的关系为 $v_f = f \cdot n = f_z \cdot z \cdot n$，其中，$z$ 为铣刀齿数，n 为每分钟转速。

6. 切削速度 v_c 的选择介绍如下。

（1）刀具材质：切削高速钢时，$v_c < 50$ m/min；切削硬质合金时，_____；切削碳化钨时，$v_c > 100$ m/min；切削陶瓷时，_____。

（2）工件材料：工件材料硬时，v_c 小；工件材料软时，v_c _____。

（3）有无切削液：有切削液时，v_c 大；无切削液时，v_c _____。

引导问题 2 为了更好地完成压板零件的加工任务，请查找资料，结合数控铣床设备，回答下面制定工艺规程和数控工艺卡的相关问题。

1. 工艺规程是什么，一般包括哪些内容？

2. 根据数控工艺规程的概念，完成表 5-6 的填写。

表 5-6　数控工艺规程

比较	形式	包含内容	要求
普通机床工艺规程	工艺过程卡	切削用量、进给路线、工步由操作工人自定	对生产影响较小
数控机床工艺规程			

3. 数控加工工艺文件有数控编程任务书、数控加工工件安装和加工原点设定卡、数控加工工序卡、数控加工走刀路线图、数控加工程序单，请查资料完成表 5-7 的填写。

表 5-7　数控加工工艺文件表

序号	数控加工工艺文件种类	内容	作用
1	数控编程任务书		
2	数控加工工件安装和加工原点设定卡		
3	数控加工工序卡		
4	数控加工走刀路线图		
5	数控加工程序单		

4. 数控加工工艺主要包括哪些内容？

六、计划与实施

引导问题 1　如何制定精密平口钳压板的加工工艺？

1. 各小组分析、讨论并制订加工计划。

学习笔记

（1）根据加工要求，考虑现场的实际条件，小组成员共同分析、讨论并制订合理的压板零件加工计划，填写在表 5-8 中。

表 5-8　压板零件加工计划

序号	图示	加工内容	尺寸精度	注意事项	备注

（2）总结组内及组间对压板零件加工计划的评价和改进建议。

（3）指导教师的评价与结论。

2. 各小组根据加工计划，完成工量刃具、设备和材料的准备工作，填写在表5-9中。

表5-9　工量刃具、设备和材料的准备

序号	工量刃具、设备和材料的名称	要求	数量

引导问题2　各小组成员参考表5-10提供的压板零件铣削参考加工路线，确定加工工艺。

精密平口
钳压板–
螺旋铣孔

精密平口
钳压板–
外轮廓铣削

表5-10　压板零件铣削参考加工路线

序号	加工图示	编程图示	仿真图示	加工参数设置
1				加工路线：动态铣削 余量：0.2 mm 刀具：ϕ10 mm 转速：4 500 r/min 进给速度（F）： 2 000 mm/min
2				加工路线：动态铣削 刀具：ϕ6 mm 转速：4 500 r/min 进给速度（F）： 2 000 mm/min
3				加工路线：动态铣削 刀具：ϕ6 mm 转速：4 500 r/min 进给速度（F）： 2 000 mm/min
4				加工路线：外形精加工 刀具：ϕ10 mm 转速：5 000 r/min 进给速度（F）： 800 mm/min 精加工刀次：2次
5				加工路线：2D倒角 刀具：ϕ6 mm 转速：5 000 r/min 进给速度（F）： 800 mm/min 精加工刀次：1次

学习笔记

序号	加工图示	编程图示	仿真图示	加工参数设置
6				加工路线：2D 倒角 刀具：φ6 mm 转速：4 500 r/min 进给速度（F）：2 000 mm/min
7				加工路线：动态铣削 刀具：φ10 mm 转速：4 500 r/min 进给速度（F）：800 mm/min
8				加工路线：平面铣 刀具：φ10 mm 转速：4 500 r/min 进给速度（F）：800 mm/min
9				加工路线：2D 倒角 刀具：φ6 mm 转速：4 500 r/min 进给速度（F）：800 mm/min 精加工刀次：1 次

精密平口
钳压板-
下表面铣削
（盘铣刀）

七、总结与评价

引导问题 1 如何使用合适的量具检测压板零件的加工质量？

1. 请把检测结果填写在压板零件评分表 5-11 中，并进行评分。

表 5-11 压板零件评分表

学生姓名			学生学号			总时间			
项目名称	压板加工		图号	SXXS01-02-01		总成绩			
	序号	配分/分	评分项	公称尺寸/mm	上偏差/mm	下偏差/mm	上极限尺寸/mm	下极限尺寸/mm	实际尺寸/mm	得分/分
尺寸	1	10	长	41.5	0.05	−0.05	41.55	41.45		
	2	10	宽	41.5	0.05	−0.05	41.55	41.45		
	3	10	高	10	0.05	−0.05	10.05	9.95		
	4	10	直径	14	0.05	−0.05	14.05	13.95		
	5	10	直径	9	0.05	−0.05	9.05	8.95		
	6	5	深度	5.5	0.05	−0.05	5.55	5.45		
	7	5	中心距	24	0.05	−0.05	24.05	23.95		
	8	5	距离	20.75	0.05	−0.05	20.8	20.7		
	9	5	粗糙度	粗糙度超差扣 1 分/处，扣完为止						

学习笔记

主观评判	序号	配分/分	评分项	情况记录	得分/分
	1	5	零件加工要素完整度		
	2	5	零件损伤（振纹、夹伤、过切）		
	3	5	倒角、去毛刺情况		

职业素养	序号	配分/分	规范要求	情况记录	得分/分
	1	2	工具、量具、刀具分区摆放		
	2	2	工具摆放整齐、规范、不重叠		
	3	1	量具摆放整齐、规范、不重叠		
	4	1	刀具摆放整齐、规范、不重叠		
	5	1	防护佩戴规范		
	6	1	工服、工帽、工鞋穿戴规范		
	7	1	加工后清理现场、清洁及其他		
	8	1	现场表现		

其他	序号	配分/分	评分项	情况记录	得分/分
	1	5	是否更换毛坯		

2. 请根据评分表 5–11 填写技术总结表 5–12。

表 5–12 技术总结表

技术总结		
学生总结		教师评价
存在的问题	改进方向	
学生姓名		日期

引导问题 2 能否针对本项目所学的知识进行自我评价与总结？

1. 请填写压板零件加工学习效果自我评价表 5–13。

表5-13　压板零件加工学习效果自我评价

序号	学习任务内容	学习效果			备注
		优秀	良好	较差	
1	写出圆弧代码编程格式				
2	如何将一张图纸转变成为数控铣床能识别的语言				
3	如何选择数控铣床刀具及切削用量				
4	加工走刀路线和刀具半径补偿该如何确定				
5	写出编程原点的确定方法				
6	如何制定工艺规程和数控工艺卡				
7	铣削用量如何确定				
8	如何制定压板的加工工艺				
9	如何使用合适的量具检测压板零件的加工质量				

2. 总结不足与需要改进的地方。

（1）通过以上检测，分析自己所做零件的不足以及解决办法。

（2）写出在操作过程中存在的问题和需要改进的地方。

八、拓展训练

引导问题 1　请回答以下关于刀具半径补偿和工艺分析的相关问题。

1. 根据刀具半径补偿在工件拐角处过渡方式的不同，刀具半径补偿可以分为两种补偿方式，分别称为＿＿＿＿＿＿型刀具半径补偿和＿＿＿＿＿＿型刀具半径补偿。

2. 判断图5-27所示是哪种类型的刀具半径补偿，并写在横线上。

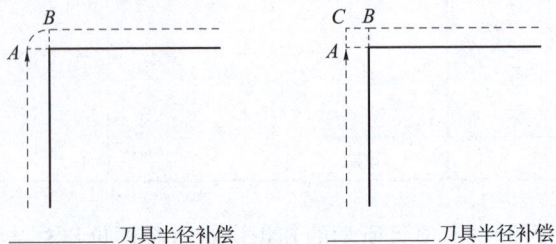

＿＿＿＿＿刀具半径补偿　　　　　＿＿＿＿＿刀具半径补偿

图5-27　刀具半径补偿类型判断

3. 请对图 5-28 所示的带凹槽凸台零件进行铣削加工工艺分析，把分析内容填入表 5-14 中。

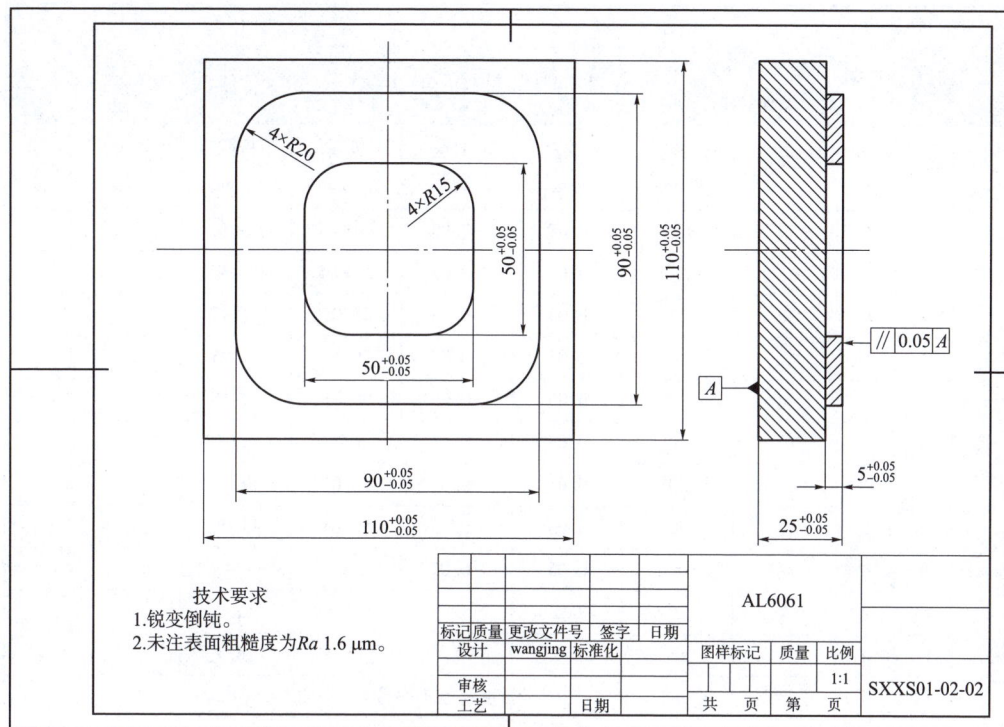

图 5-28　带凹槽凸台零

表 5-14　铣削加工工艺分析

1. 选择机床				
2. 分析图样				
3. 确定方案				
4. 设计工序	夹具的选择			
	装夹方法的确定			
	选择刀具	序号	名称	作用
	选择切削用量			

引导问题 2　制定零件加工工艺和编程，并进行加工和评分。

1. 利用刀具半径补偿对图 5-28 所示的带凹槽凸台零件进行编程和加工，并把检测结果填写在评分表 5-15 中。

带凹槽凸台零件-内轮廓铣削

带凹槽凸台零件-上表面铣削（盘铣刀）

表5-15 带凹槽凸台零件评分表

学生姓名			学生学号			总时间			
项目名称		带凹槽凸台零件加工	图号		SXXS01-02-02	总成绩			

	序号	配分/分	评分项	公称尺寸/mm	上偏差/mm	下偏差/mm	上极限尺寸/mm	下极限尺寸/mm	实际尺寸/mm	得分/分
尺寸及形位公差	1	6	长	110	0.05	−0.05	110.05	109.95		
	2	6	宽	110	0.05	−0.05	110.05	109.95		
	3	6	高	25	0.05	−0.05	25.05	24.95		
	4	6	长	90	0.05	−0.05	90.05	89.95		
	5	6	宽	90	0.05	−0.05	90.05	89.95		
	6	6	高	5	0.05	−0.05	5.05	4.95		
	7	6	长	50	0.05	−0.05	50.05	49.95		
	8	6	宽	50	0.05	−0.05	50.05	49.95		
	9	6	高	5	0.05	−0.05	5.05	4.95		
	10	4	R	20	0.1	−0.1	20.1	19.9		
	11	4	R	15	0.1	−0.1	15.1	14.9		
	12	4	平行度	平行度超差不得分						
	13	4	粗糙度	粗糙度超差扣1分/处，扣完为止						

	序号	配分/分	评分项	情况记录	得分/分
主观评判	1	5	零件加工要素完整度		
	2	5	零件损伤（振纹、夹伤、过切）		
	3	5	倒角、去毛刺情况		

	序号	配分/分	规范要求	情况记录	得分/分
职业素养	1	2	工具、量具、刀具分区摆放		
	2	2	工具摆放整齐、规范、不重叠		
	3	1	量具摆放整齐、规范、不重叠		
	4	1	刀具摆放整齐、规范、不重叠		
	5	1	防护佩戴规范		
	6	1	工服、工帽、工鞋穿戴规范		
	7	1	加工后清理现场、清洁及其他		
	8	1	现场表现		

	序号	配分/分	评分项	情况记录	得分/分
其他	1	5	是否更换毛坯		

带凹槽凸台零件-内外轮廓精铣

带凹槽凸台零件-外轮廓铣削（冷却液）

2. 请根据带凹槽凸台零件评分表 5-15 填写技术总结表 5-16。

表 5-16　技术总结表

技术总结		
学生总结		教师评价
存在的问题	改进方向	
学生姓名	日期	

项目六　综合类零件的加工

一、项目描述

本项目选取的是一个多轮廓综合类零件，其虽然结构简单，但加工过程涉及多种铣削工艺的应用和多个铣削指令的使用。通过对这个简单零件的加工，充分锻炼学生综合运用之前所学知识和技能的能力，学生通过选用机床设备、夹具、刀具等，制定加工工艺，使用各种类别零件的加工方法，最终完成综合类零件的加工。

本项目加工的零件为综合类零件，其毛坯材料为铝合金 AL6061，尺寸为 120 mm×80 mm×30 mm。综合类零件外形如图 6-1 所示，综合类零件图如图 6-2 所示。

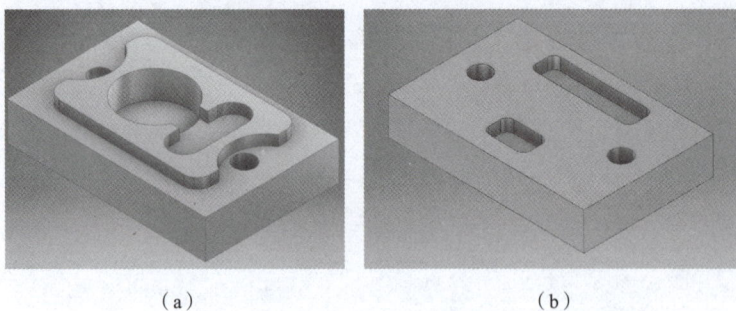

（a）　　　　　　　　　　　　　　　（b）

图 6-1　综合类零件外形

（a）正面；（b）背面

二、职业素养

数控铣床是一种加工功能很强的数控机床，目前迅速发展起来的加工中心、柔性加工单元等都是在数控铣床的基础上产生的。由于数控铣削工艺比较复杂，人们在研究和开发数控系统及自动编程语言时，一直把铣削加工作为重点。这要求工程技术人员要敏于观察、勤于思考、善于综合、勇于创新。以大国工匠洪海涛为例，他为攻克加工难点，从徒手装夹到工装设计，从加工参数到工艺流程进行了多次创新，最终创造和总结出弹性软爪、同心夹具、交替车削等一系列保证精度的技术手段和加工方法。"惟进取也故日新"，创新是一个民族的灵魂，是一个国家兴旺发达的不竭动力，也是我国到 2035 年实现高水平科技、自立自强、进入创新型国家前列的根本保证。

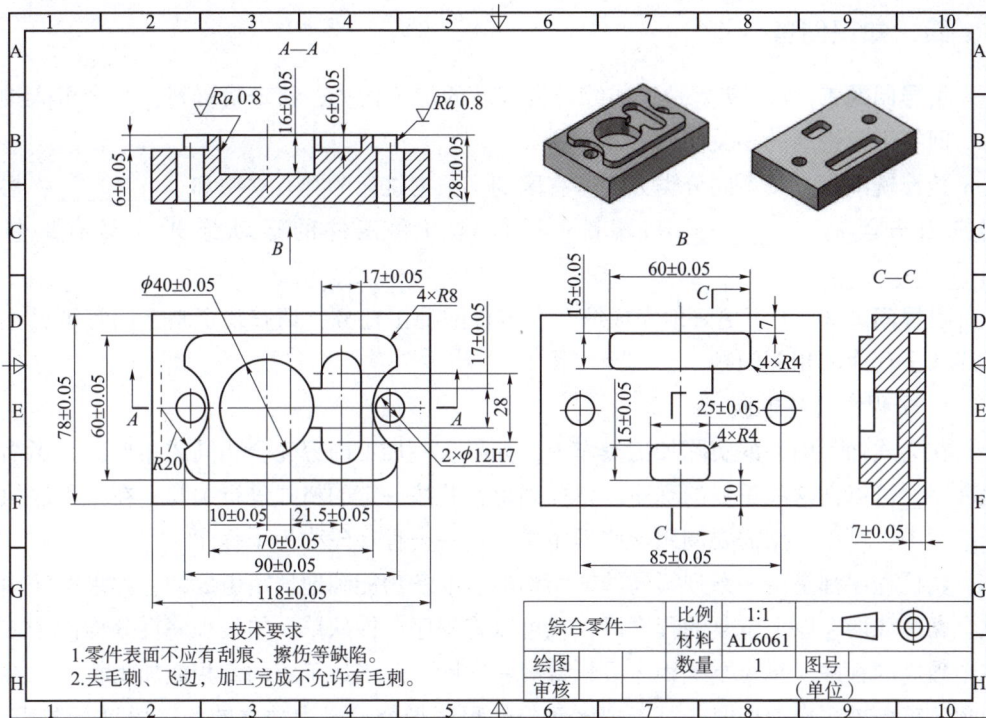

图 6-2 综合类零件图

三、学习目标

（一）素质目标

1. 具有良好的职业操守、安全操作意识，培养文明生产的习惯。

2. 具有保护环境，节约成本、可回收垃圾的分类处理意识。

3. 具有较强的质量意识、效率意识，能够按时完成工作任务。

（二）知识目标

1. 掌握 G02，G03 指令的定义，并能够进行简单编程。

2. 能够进行坐标系平移、镜像的编程。

3. 掌握钻孔指令 G81，G83，G73，G80 的格式及使用方法。

4. 能够正确利用刀具半径补偿指令 G41，G42，G40 编程。

5. 掌握孔加工方法的选择。

6. 掌握孔加工路线的确定方法。

7. 掌握夹具的基本知识，并懂得选用合理的夹具。

（三）能力目标

1. 能够调出程序进行自动空运行，并判断程序和加工工艺是否合理。

2. 能够根据加工工艺文件的要求，完成刀具、夹具、量具、毛坯的选用。

3. 熟练运用以前所学知识完成综合类零件的加工工艺编制、程序的编写，并完成其加工作业。

4. 能够对工件进行质量自检和误差分析，评价工艺方案，并提出改进建议。

四、知识储备

引导问题1　为了更好地完成综合类零件的加工任务，请查找资料，结合机床设备，回答下面铣削的相关问题。

数控铣削方式按不同分类方法各有区别，根据铣床分类有立铣和_____；根据铣刀分类有_____和端铣；根据铣刀和工件的运动形式分类有顺铣和_____。

引导问题2　为了更好地完成综合类零件的加工任务，请查找资料，回答下面主程序和子程序的相关问题。

1. 子程序的基本概念。

在立式加工中心的实际加工操作中，如果有些加工内容完全相同或相似，为了简化程序，可以把这些重复的程序段单独列出，并按一定的格式进行编写，在主程序执行过程中，可以根据需要调用这些程序段，这一类程序段称为子程序。

数控程序都是由一系列不同的辅助功能、准备功能和地址字组成的，如果程序中包含两个或两个以上重复的程序段，就可以将程序结构从单一的长程序拆分为两个或多个独立的程序，每个重复程序段只编写一次即可。当加工相同或相似加工轨迹的控制程序需要被多次使用时，可以把该部分的程序指令编辑为独立的程序段进行调用。调用该程序段的程序称为主程序（以 M30 或 M02 结束），被调用的程序称为子程序（以 M99 结束）。

子程序和主程序同样占用系统的程序容量和存储空间，子程序必须有自己独立的程序名，子程序可以被其他任意主程序调用，也可以独立运行。子程序结束后系统返回主程序中继续执行。通过调用子程序，可以大幅减少主程序的程序段，这种方法对提高程序执行效率大有裨益，而且还可以减少程序的错误率。

2. 在_____的情况下，可以采用主程序调用子程序，有时也可实现粗、精加工的编程简化。

3. 主程序调用子程序指令是_____；子程序结束，返回上一层主程序的指令是_____。

4. 一般数控铣床的子程序可以嵌套和重复使用，最多可套_____重，重复调用次数达_____次。

5. 主程序调用子程序的格式如下，请根据格式的学习，解释以下几种格式调用的含义。

格式：M98　　　P____　　　　　　L____

　　　　　　　　子程序号　　　　调用次数

M98　　P51002　　解释：_____。

M98　　P1002　　解释：_____。

M98　　P50004　　解释：_____。

M98　　P0001 L4　　解释：_____。

引导问题 3 为了更好地完成综合类零件的加工任务，请查找资料，回答下面简化编程指令的相关问题。

1. 镜像功能 G24，G25。

格式：G24   X ＿＿ Y ＿＿ Z ＿＿ A ＿＿

       M98 P ＿＿

       G25   X ＿＿ Y ＿＿ Z ＿＿ A ＿＿

G24 表示＿＿＿＿＿＿＿＿＿＿，由指令坐标轴后的坐标值指定＿＿＿＿＿位置（对称轴、线、点）；G25 指令用于＿＿＿＿＿＿＿＿＿＿。注意：有刀补时，首先＿＿＿＿＿，然后进行＿＿＿＿＿＿＿＿＿。

2. 使用镜像功能编制图 6-3 所示轮廓的加工程序，完成表 6-1 的填写。

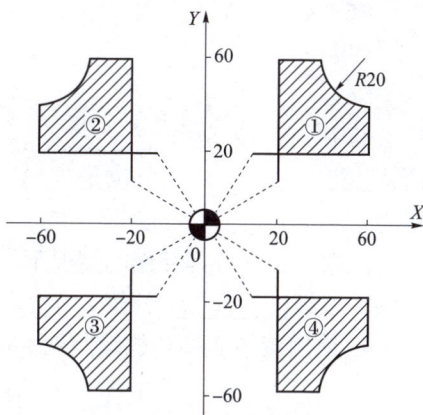

图 6-3 对称零件轮廓图

表 6-1 对称零件加工程序

程序代码	含义
O0001	主程序
N01 G92 X0 Y0 Z10	
N02 G91 G17 M03	
N03 M98 P0002	加工＿＿＿＿
N04 G24 X0	以＿＿＿＿轴镜像
N05 M98 P0002	加工＿＿＿＿
N06 G25 X0	取消 Y 轴镜像
N07 G24 X0 Y0	镜像位置点为（0，0）
N08 M98 P100	加工＿＿＿＿
N09 G25 X0 Y0	取消点（0，0）镜像
N10 G24 Y0	以＿＿＿＿轴镜像
N11 M98 P0002	加工＿＿＿＿
N12 G25 Y0	取消 X 轴镜像
N13 M05	
N14 M30	
O0002	子程序
N01 G01 Z5 F50 N02 G00 G41 X20 Y10 D01 N03 G01 Y60 N04 X40 N05 G03 X60 Y40 R20 N06 Y20	
N07 X10 N08 G00 X0 Y0 N09 Z10	
N10 M99	子程序结束，返回主程序

3. 旋转变换功能 G68，G69。

G68 X ＿＿ Y ＿＿ P ＿＿

M98 P ＿＿＿＿＿

G69

其中，X，Y 是由＿＿＿＿，＿＿＿＿或＿＿＿定义的旋转中心的坐标值，P 为＿＿＿＿，单位是（°），$0° ≤ P ≤ 360°$；G68 指令为＿＿＿＿，G69 指令为＿＿＿＿。

注意：在有刀具补偿的情况下，首先进行坐标旋转，然后才进行刀具＿＿＿＿补偿、刀具＿＿＿＿补偿。

4. 使用旋转变换功能编制图 6-4 所示轮廓的加工程序，完成表 6-2 的填写。

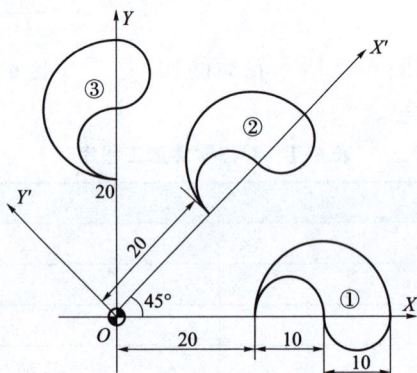

图 6-4　旋转零件轮廓图

表 6-2　旋转零件加工程序

程序代码	含义
%1	主程序
N10　G90　G17　M03	
N20　M98　P100	加工＿＿＿＿
N30　G68　X0　Y0　P45	旋转＿＿＿＿
N40　M98　P100	加工＿＿＿＿
N50　G69	取消＿＿＿＿
N60　G68　X0　Y0　P90	旋转＿＿＿＿
N70　M98　P100	加工③
N80　G69　M05　M30	取消旋转
%100	子程序（①的加工程序）
N100　G90　G01　X20　Y0　F100 N110　G02　X30　Y0　I5 N120　G03　X40　Y0　I5 N130　X20　Y0　I 10 N140　G00　X0　Y0 N150　M99	

引导问题4 为了更好地完成综合类零件的加工任务，请查找资料，回答下面钻孔指令的种类和应用的相关问题。

1. 固定循环的基本动作（6个动作）组成。

动作1：X轴和Y轴定位，使刀具快速定位到孔加工的位置。

动作2：快进到R点，刀具自起始点快速进给到R点。

动作3：孔加工，以切削进给的方式执行孔加工的动作（Z点）。

动作4：孔底动作包括暂停、主轴准停、刀具移动等。

动作5：返回R点，继续加工其他孔时，安全移动刀具。

动作6：返回起始点，孔加工完成后一般应返回起始点。

钻孔指令固定循环的动作流程如图6-5所示。

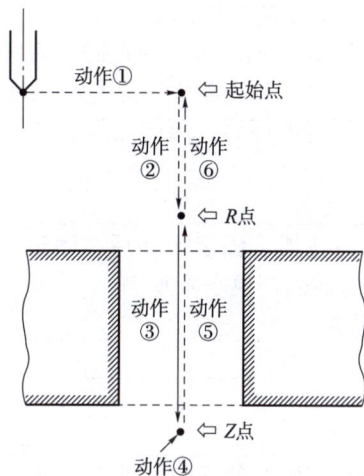

图6-5 钻孔指令固定循环的动作流程

2. 刀具返回指令的动作流程如图6-6所示。

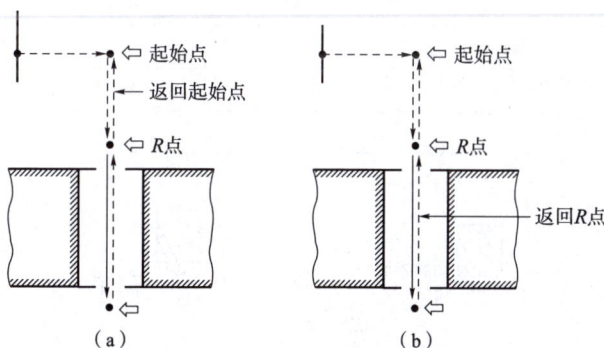

图6-6 刀具返回指令的动作流程

（a）返回起始点（G98）；（b）返回R点（G99）

3. 固定循环指令通式。

$$\begin{Bmatrix} G90 \\ G91 \end{Bmatrix} \begin{Bmatrix} G98 \\ G99 \end{Bmatrix} \quad G\square\square \quad X\_\_ \quad Y\_\_ \quad Z\_\_ \quad R\_\_ \quad Q\_\_ \quad P\_\_ \quad F\_\_ \quad L\_\_;$$

指令格式定义如下。

G——孔加工固定循环（G73~G89）。

X，Y——孔在 XY 平面的坐标位置（绝对值或增量值）。

Z——孔底的 Z 坐标值（绝对值或增量值）。

R——R 点的 Z 坐标值（绝对值或增量值）。

Q——每次进给深度（G73，G83）；刀具位移量（G76，G87）。

P——暂停时间，ms。

F——切削进给的进给量，mm/min。

L——固定循环的重复次数。只循环一次时 L 可不指定。

注意：（1）G73~G89 指令是模态指令。G01~G03 可取消不用。

（2）固定循环中的参数（Z，R，Q，P，F）是模态的。

（3）在使用固定循环指令前要使主轴启动。

（4）固定循环指令不能和 M 代码同时出现在同一程序段。

（5）在固定循环指令运行中，刀具半径补偿无效，刀具长度补偿有效。

（6）当用 G80 指令取消固定循环后，那些在固定循环之前的插补模态恢复。

4. 取消固定循环指令格式。

G80：_____。

注意：当用 G80 指令取消孔加工固定循环后，固定循环指令中的孔加工数据也被取消。那些在固定循环之前的插补模态恢复。

5. 孔加工固定循环是指_____
_____。

6. 一般孔加工固定循环完成需要 6 个步骤：_____
_____。

7. 对孔固定循环指令执行有影响的指令，见表 6-3、图 6-7 和图 6-8。

表 6-3 对孔固定循环指令执行有影响的指令

指令	功能
G90	
G91	
G98	
G99	

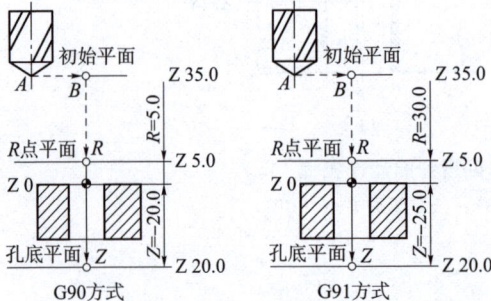

图 6-7 G90/G91 对孔固定循环指令的影响

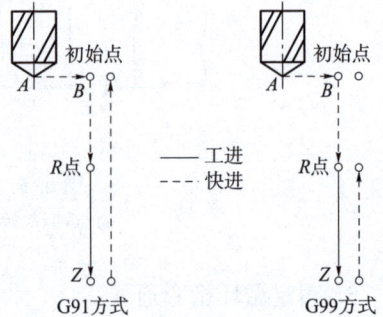

图 6-8 G91/G99 对孔固定循环指令的影响

8. 钻孔指令的应用。请根据所学知识填写表6-4。

表6-4　钻孔指令列表

指令	格式	动作	应用
G81			
G73			
G83			

9. 孔加工循环取消指令是 _____。

10. 孔加工固定循环格式是 G×× X ____ Y ____ Z ____ R ____ Q ____ P ____ F ____ K ____。请分别说出格式中各字符的含义。

11. 在数控铣床上还可以完成孔加工，包括钻孔、扩孔、铰孔和镗孔等，根据已掌握知识填写表6-5。

表6-5　数控铣床孔加工刀具列表

孔加工刀具类型	分类	应用场合
钻孔刀具	麻花钻	
	可转位浅孔钻	
	喷吸钻	
扩孔刀具	高速钢整体式扩孔刀具	
	镶齿式扩孔刀具	
	硬质合金可转位式扩孔刀具	
铰孔刀具	直柄铰孔刀具	
	锥柄铰孔刀具	
	套式铰孔刀具	
镗孔刀具	单刃镗孔刀具	
	多刃镗孔刀具	

引导问题5　为了更好地完成综合类零件的加工任务，请查找资料，结合机床设备，依据图6-9回答确定加工走刀路线和刀具半径补偿的相关问题。

1. 铣削外轮廓进给路线的确定要确保以下两点（见图6-9）。

（1）_____

_____。

（2）_____。

说明：图6-9（b）中从点1切入为_____向切入，从点2切入为_____向切入。

2. 铣削内轮廓的进给路线和铣削外轮廓一样，刀具不能沿轮廓曲线的_____切入和切出，可沿_____切入和切出。图6-10所示的进给路线能保证最终轮廓是_____次走刀完成。

学习笔记

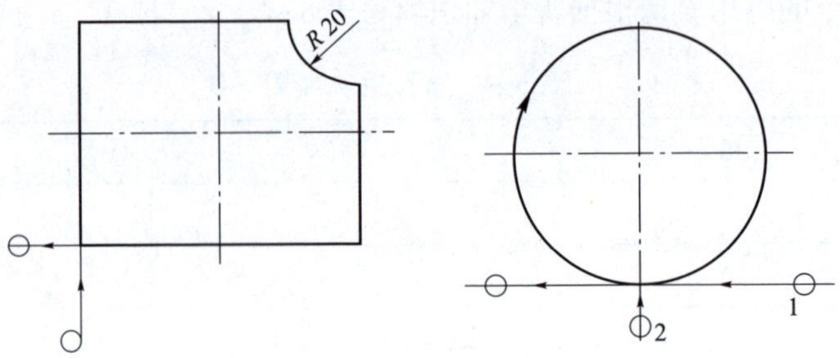

（a）　　（b）

图 6-9　走刀路线示意

（a）方形轮廓；（b）圆形轮廓

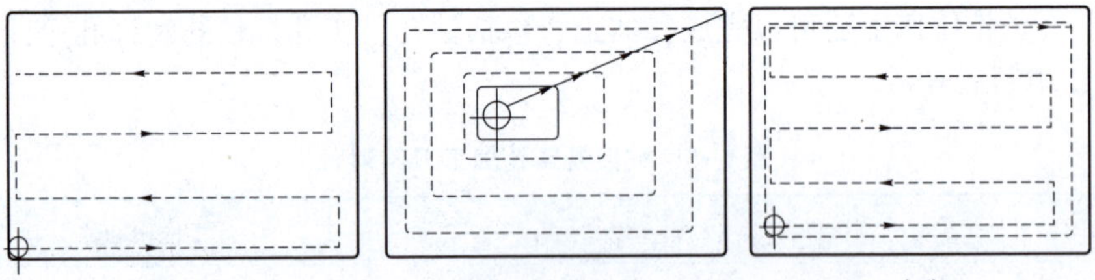

（a）　　（b）　　（c）

图 6-10　铣削内轮廓的进给路线

（a）行切法；（b）环切法；（c）行切+环切法

3. 铣削曲面的进给路线有两种方式，如图 6-11 所示，请根据图示内容填写两种进给路线。

（1）____

____。

（2）____

____。

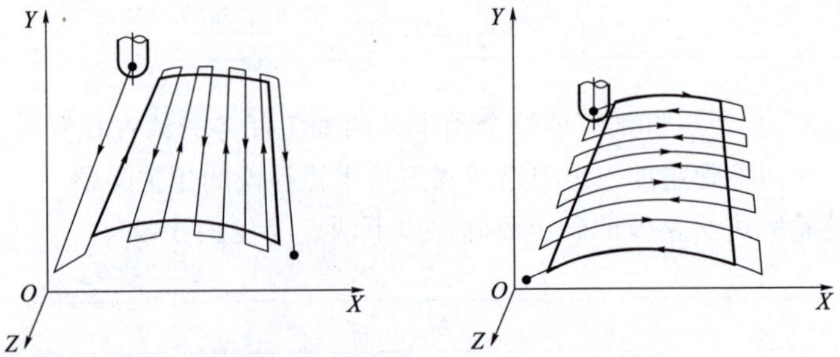

（a）　　（b）

图 6-11　铣削曲面的进给路线

（a）__________；（b）__________

4. 数控系统有刀具半径自动补偿功能，在数控铣床编程中，其中刀具半径左补偿的指令是__________，刀具半径右补偿的指令是__________。

5. 在数控编程中，当选用了刀具半径左补偿功能时，铣削外形要顺时针走刀，挖内槽要逆时针走刀。请回答，若采用了刀具半径右补偿，则铣削外形和挖内槽分别要如何走刀？

6. 根据图 6-12 所示的表示方法，请指出 A 是_____刀具半径补偿，B 是_____刀具半径补偿。

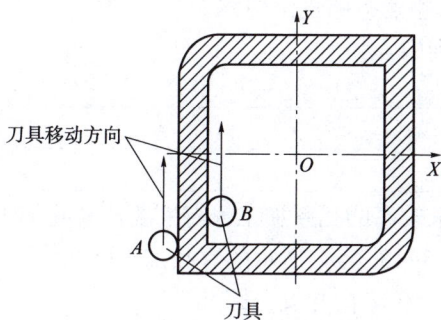

图 6-12　刀具半径补偿表示方法

7. 刀具半径补偿的过程分为三步，即刀具半径补偿的建立、刀具半径补偿的进行和刀具半径补偿的取消，请根据图示内容，填写表 6-6。

表 6-6　刀具半径补偿过程明细表

	程序	补偿步骤

引导问题 6　为了更好地完成综合类零件的加工任务，请查找资料，回答下面确定加工顺序的相关问题。

1. 加工阶段的划分见表 6-7。

表 6-7　加工阶段的划分

序号	加工阶段	加工任务	备注
1	粗加工		如何提高生产率
2	半精加工		为主要表面的精加工作准备
3	精加工		如何保证质量
4	光整加工	提高尺寸精度、减小表面粗糙度	不用来提高位置精度

2. 机械加工顺序应该遵循的原则是＿＿＿＿＿＿＿＿＿＿＿＿＿＿＿＿＿＿＿＿。

引导问题 7　为了更好地完成综合类零件的加工任务，请查找资料，回答下面走刀路线和工步顺序确定的相关问题。

1. 走刀路线的概念是＿＿＿＿＿＿＿＿＿＿＿＿＿＿＿＿＿＿＿＿＿＿＿＿＿＿。

2. 走刀路线包含两项内容，分别是＿＿＿＿＿＿＿＿＿＿＿＿＿＿＿＿＿＿＿＿，工作重点是确定粗加工及空运行的进给路线。

3. 走刀路线确定原则如下。

（1）＿＿＿＿＿＿＿＿＿＿＿＿＿＿＿＿＿＿＿＿＿＿＿＿＿＿＿＿＿＿＿＿。

（2）＿＿＿＿＿＿＿＿＿＿＿＿＿＿＿＿＿＿＿＿＿＿＿＿＿＿＿＿＿＿＿＿。

（3）＿＿＿＿＿＿＿＿＿＿＿＿＿＿＿＿＿＿＿＿＿＿＿＿＿＿＿＿＿＿＿＿。

4. 对于位置精度要求较高的孔系加工，特别要注意孔加工顺序的安排。

如图 6-13 所示，图 6-13（a）所示的镗孔加工路线为 1→2→3→4→5→6，由于 5，6 孔与 1，2，3，4 孔定位方向相反，因此＿＿＿＿＿＿＿＿。

图 6-13（b）所示的镗孔加工路线为 1→2→3→4、P→6→5，由于 5，6 孔与 1，2，3，4 孔定位方向相同，因此＿＿＿＿＿＿＿＿。

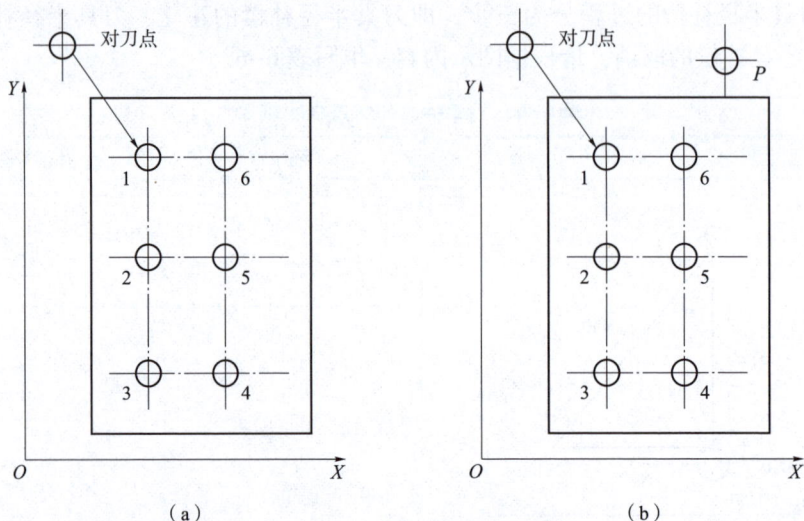

图 6-13　镗孔加工路线示意

（a）镗孔加工路线 1；（b）镗孔加工路线 2

5. 走刀路线应保证最短的空行程路线，包括巧用＿＿＿＿＿点和＿＿＿＿＿点，合理安排返回参考点路线，以及巧排＿＿＿＿＿行程路线，如图 6-14 所示。

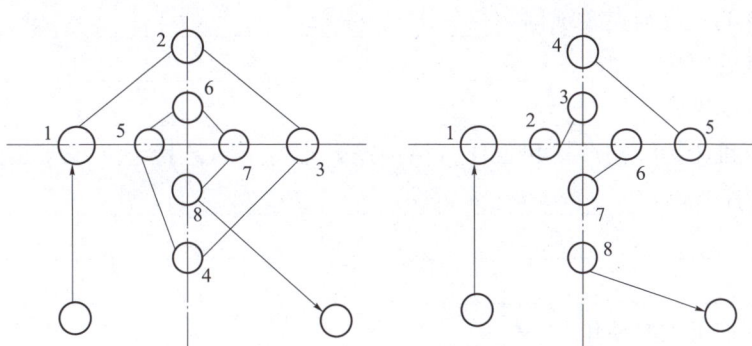

图 6-14　最短空行程路线

6. 在走刀路线上，一般先回_____轴，再同时回_____轴，可保证缩短走刀路线。

7. _____不变的情况下，连续完成的那一部分作业称为一个工步。

引导问题 8　为了更好地完成综合类零件的加工任务，请查找资料，回答下面工艺规程的相关问题。

1. 工艺规程是用_____、_____和_____确定下来，用于指导_____和_____的主要工艺文件。它是企业_____、_____和_____生产的基本依据，是企业保证_____，_____重要保证。

2. 在机械制造企业中，工艺规程的形式主要有三种。

（1）_____。它是按零件编制的，规定每个零件在制造过程中要经过的工艺路线、工序名称、使用的设备和工艺装备等，是指导零件加工的概略的综合性文件。

（2）_____。它是按零件分车间（工艺阶段）编制的，规定零件在一个车间（工艺阶段）内要经过的每道工序，以及每道工序所用设备、工艺装备和加工规范等，是各车间进行作业准备和组织生产的依据。

（3）_____。它是按零件的每道工序编制的，详细规定每道工序的操作方法、技术要求和注意事项等，并附有加工草图，是用来具体指导工人操作的工艺文件。

3. 工艺规程主要包括哪些内容？

五、工作准备

引导问题 1　为了更好地完成综合类零件的加工任务，请查找资料，回答下面确定工件的定位与夹紧的相关问题。

1. 工件的定位与夹紧统称 _____。

2. 工件的定位 _____。

3. 工件的夹紧 _____。

4. 数控机床的结构形式和工作台结构差异有所不同，其定位方式也有不同，大致有以下几种方式：_____

_____

_____。

5. 型腔加工主要使用 _____

_____的方式来进行装夹定位。

6. 零件的数控加工大多采用 _____的原则，加工的部位较多，批量较小，零件更换周期 _____，因此，夹具的标准化、通用化和自动化对加工效率的提高及加工成本的降低有很大的影响。

7. 夹紧力应力求 _____支撑点上，或者在支撑点所组成的 _____，应力求靠近 _____，并在 _____ 的地方，尽量不要在被加工孔上方进行夹压。

8. 数控铣床上用的通用类夹具有 _____

_____

_____。

9. 其他类型夹具种类很多，请查阅资料，填写表6-8。

表6-8 其他类型夹具列表

类型	用途	优点	缺点	适用场合
组合夹具：孔系、槽系				
专用夹具				
可调夹具				
成组夹具				

引导问题2 为了更好地完成综合类零件的加工任务，请查找资料，回答下面维修基础知识的相关问题。

1. 维修的概念。

数控机床是一种高 _____、高 _____、高 _____的自动化设备。要发挥数控机床的高效益，就是保证它的 _____率。这不仅对数控机床的各部分提出了很高的 _____性、_____性要求，而且对数控机床的 _____与 _____提出了很高要求。一方面，数控机床维修概念不能单纯局限于 _____时，_____和及时 _____；另一方面还应该包括 _____。即维修的概念包括以下两个方面，一是 _____（预防性维护），这可以有效地延长 MTBF；二是 _____，在出现故障后尽快修复，尽量缩短平均维修时间（mean time to repair，MTTR）的时间，提高机床的有效度指标。

2. 对维修工作的基本要求。数控机床属于＿＿＿＿＿＿＿＿＿＿＿密集和＿＿＿＿＿＿＿＿＿密集的设备，数控机床的故障往往不是＿＿＿＿＿＿＿＿＿的。这对维修人员提出了＿＿＿＿＿＿＿＿＿要求。它不仅要求维修人员具有＿＿＿＿＿＿、＿＿＿＿＿＿＿、＿＿＿＿＿、＿＿＿＿＿＿、＿＿＿＿＿＿、＿＿＿＿＿＿和＿＿＿＿＿＿、＿＿＿＿＿＿＿等技术知识，还要具有综合分析和解决问题的能力，能尽快＿＿＿＿＿＿＿＿＿＿。及时＿＿＿＿＿＿，提高数控机床的开动率。要做好维修工作，必须先熟悉数控机床的有关＿＿＿＿＿＿等资料，对数控机床的＿＿＿＿＿、＿＿＿＿＿等有详细的了解，并做好故障维修前期的准备工作。

3. 故障维修前期的准备工作。为了能及时＿＿＿＿＿＿，应在平时做好维修前的＿＿＿＿＿＿，主要有＿＿＿＿＿准备、＿＿＿＿＿准备和＿＿＿＿＿准备三个方面。

（1）技术准备。维修人员应充分了解＿＿＿＿＿的性能。为此，维修人员应熟悉有关数控机床的操作＿＿＿＿＿＿＿和＿＿＿＿＿，掌握 CNC 系统的＿＿＿＿＿、＿＿＿＿＿、＿＿＿＿＿，需非常了解印制线路板上可供维修的检测点及其正常状态时的电平或波形。维修人员应妥善保存 CNC 系统现场调试完成之后的＿＿＿＿＿和＿＿＿＿＿。这些参数文件是以随机附带的参数表或参数纸带的形式出现的。另外，随机提供的 PLC 系统功能测试纸带都与机床的性能和使用有关，都需妥善保存。如有可能，维修人员还应备有系统所用的各种＿＿＿＿＿，以备随时查阅。

（2）工具准备。作为用户需准备一些常规的＿＿＿＿＿＿＿、＿＿＿＿＿＿＿，如＿＿＿＿＿（测量误差在±2%范围内），＿＿＿＿＿＿＿＿＿＿、各种规格的＿＿＿＿＿＿＿＿＿＿＿、清洗纸带阅读机用的＿＿＿＿＿＿＿＿＿＿和＿＿＿＿＿＿＿＿＿＿＿等。如有条件，最好还要准备一台带存储功能的＿＿＿＿＿＿＿＿＿＿和＿＿＿＿＿＿＿＿＿＿＿。这样，在查找故障时，可使故障范围缩小到某个器件。

（3）备件准备。为了能及时排除由 CNC 系统的部件或元器件引起的系统故障，应准备一些常用的备件，具体备件应视所用系统的作用情况来定。一般来说，应配备一定数量的各种＿＿＿＿＿、＿＿＿＿＿以及直流电动机用的＿＿＿＿＿＿＿＿＿。至于价格昂贵的印制线路板可以不准备，尤其是不易发生故障的印制线路板，这些印制线路板在备用时因为长期不用，反而更易损坏。

（4）建立维护记录档案。数控机床的维护记录档案包括＿＿＿＿＿、＿＿＿＿＿及＿＿＿＿＿等。

引导问题 3 为了更好地完成综合类零件的加工任务，请查找资料，回答下面加工的相关问题。

1. 弹簧夹头有两种，即＿＿＿＿＿＿＿＿＿。其中＿＿＿＿＿夹头的夹紧力较小，适用于切削力较小的场合；＿＿＿＿＿＿＿＿夹头的夹紧力较大，适用于强力铣削的场合。

2. 拉钉的尺寸也已标准化，国际标准化组织（ISO）或国标规定了_____两种形式的拉钉，其中_____拉钉用于不带钢球的拉紧装置，而_____拉钉用于带钢球的拉紧装置。

3. _____模块是刀柄和刀具之间的中间连接装置，通过_____模块的使用，提高了刀柄的通用性能。

4. 如图6-15所示，根据图形写出中间模块名称。

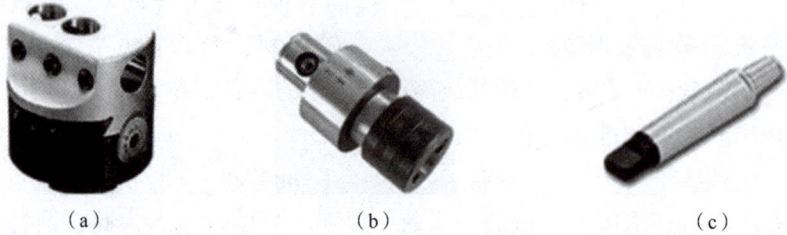

（a）   （b）   （c）

图6-15　中间模块

（a）_____；（b）_____；（c）_____

5. 数控操作系统位置的显示有三种方式，分别为_____、_____和_____。

6. 相对位置值可以由操作复位清零，这样可以方便地建立一个观测用的坐标系。相对位置值复位方法是_____
_____。

7. 在一段加工程序的若干位置上，如果包含一连串在写法上完全相同或相似的内容，为了简化程序可以把这些重复的程序段单独抽出，并按一定的格式编成_____，然后像主程序一样将它们存储到程序存储区中。

8. _____在执行过程中如果需要某一子程序，可以通过一定格式的_____指令来调用该子程序，子程序执行完成后又可以返回主程序，继续执行后面的程序段。

9. 写出刀具偏置值的显示和输入方法。

10. 写出两种搜索并调出程序的方法。

11. 按要求填写表6-9。

表6-9　刀柄及夹持刀具

刀柄类型	刀柄实物图	夹头或中间模块	夹持刀具	备注及型号举例

12. 机床操作系统出现如下报警号，请将对应的报警内容填入表6-10。

表6-10　报警号及其对应的报警内容

报警号	报警内容
510	
511	
520	
521	
530	
531	

六、计划与实施

引导问题1　如何制定综合类零件的加工工艺？

1. 各小组分析、讨论并制订计划。

（1）根据加工要求，考虑现场的实际条件，小组成员共同分析、讨论并确定合理的综合类零件加工计划，填写在表6-11中。

学习笔记

表 6-11 综合类零件加工计划

序号	图示	加工内容	尺寸精度	注意事项	备注

（2）总结组内及组间对综合类零件加工计划的评价和改进建议。

（3）指导教师的评价与结论。

2. 各小组根据加工计划，完成工量刃具、设备和材料的准备工作，填写表6-12。

表6-12　工量刃具、设备和材料的准备

序号	工量刃具、设备和材料的名称	要求	数量

引导问题2　各小组成员参考表6-13提供的综合类零件铣削参考加工路线，确定加工工艺。

表6-13　综合类零件铣削参考加工路线

序号	加工图示	编程图示	仿真图示	加工参数设置
1				加工路线：挖槽粗加工 外形余量：0.2 mm 刀具：$\phi12$ mm 转速：4 000 r/min 进给速度（F）： 　1 000 mm/min
2				加工路线：动态残料 刀具：$\phi8$ mm 转速：4 200 r/min 进给速度（F）： 　1 000 mm/min
3				加工路线：钻孔 刀具：$\phi11.6$ mm 转速：800 r/min 进给速度（F）： 　100 mm/min
4				加工路线：面铣精加工 刀具：$\phi12$ mm 转速：4 500 r/min 进给速度（F）： 　600 mm/min 精加工刀次：1 次
5				加工路线：外形精加工 刀具：$\phi12$ mm 转速：4 500 r/min 进给速度（F）： 　600 mm/min 精加工刀次：1 次

学习笔记

综合类零件-
上表面铣削
（盘铣刀）

综合类零件-
下轮廓侧面
铣削

综合类零件-
下轮廓内侧面
铣削

序号	加工图示	编程图示	仿真图示	加工参数设置
6				加工路线：区域 刀具：$\phi 8$ mm 转速：5 000 r/min 进给速度（F）： 600 mm/min 精加工刀次：2 次
7				加工路线：外形精加工 刀具：$\phi 8$ mm 转速：5 000 r/min 进给速度（F）： 600 mm/min 精加工刀次：2 次
8				加工路线：钻孔（铰孔） 余量：0.2 mm 刀具：$\phi 12$ mm 转速：250 r/min 进给速度（F）： 50 mm/min
9				加工路线：2D 倒角 刀具：$\phi 6$ mm 转速：5 000 r/min 进给速度（F）： 800 mm/min 精加工刀次：5 次
10				加工路线：2D 动态开粗 刀具：$\phi 12$ mm 转速：4 500 r/min 进给速度（F）： 100 mm/min
11				加工路线：外形精加工 刀具：$\phi 12$ mm 转速：4 500 r/min 进给速度（F）： 600 mm/min 精加工刀次：3 次
12				加工路线：区域 余量：0.2 mm 刀具：$\phi 12$ mm 转速：4 500 r/min 进给速度（F）： 800 mm/min 精加工刀次：3 次

序号	加工图示	编程图示	仿真图示	加工参数设置
13				加工路线：2D 倒角 刀具：$\phi6$ mm 转速：5 000 r/min 进给速度（F）： 　800 mm/min 精加工刀次：4 次

引导问题 3　数控加工零件的过程中需要注意哪些问题？

1. 安全提示。

（1）工作时应穿工作服、戴袖套。长发应戴工作帽，将长发塞入帽子里。禁止穿裙子、短裤和凉鞋操作机床。

（2）为防止切屑崩碎飞散，封闭型数控铣床在使用时必须关闭防护门。操作半开放式数控铣床时，操作人员必须戴防护眼镜。工作时，头部不能靠近工件加工区域，以防切屑伤人。

（3）工作时必须集中精力，避免手、身体和衣服靠近正在旋转的机件，如铣床主轴、工件、带轮、皮带、齿轮等。

（4）工件和铣刀必须装夹牢固，否则可能飞出造成伤害。

（5）在装卸工件、更换刀具、测量加工表面及变换速度时，必须先停机，再进行调整。

（6）数控铣床运转时，不得用手触摸刀具及加工区域。严禁用棉纱擦拭转动的铣削刀具。

（7）使用专用铁钩清除切屑，严禁用手直接清除。

（8）操作数控铣床时不得戴手套。

（9）不得随意拆装电气设备，以免发生触电事故。

（10）工作中若发现机床、电气设备有故障，要及时上报，由专业人员检修，故障未修复时不得使用。

2. 操作数控铣床/加工中心时，防止碰撞刀的方法。

（1）数控程序中的编程坐标系一定要与机床对刀时设定的工件坐标系一致。

（2）对刀完成后必须进行验证，确认对刀无误后才能开始加工。

（3）对于没有把握的程序，可先用单步方式试运行。试运行时要注意观察屏幕上显示的加工余量值与工件实际值之间是否相符，如果发现异常，则立即停机检查。

（4）当机床被锁住并在机床上模拟加工之后，操作机床之前必须注意要重新对刀。

（5）防止工艺系统对刀具产生干涉。

（6）防止操作机床动作失误；防止快速移动刀具时，弄反坐标轴方向。

（7）为防止退刀时刀具碰撞夹具，退刀时最好先抬高 Z 轴，再移动 X 轴和 Y 轴。

（8）对刀和加工之前要确认刀具和工件都已装夹正确，并已夹紧牢固。

（9）在加工中出现异常情况时，及时按下"急停"按钮。

3. 查找资料，根据所学知识判断下面的描述是否正确，正确打"√"错误打"×"。

（1）对数控铣床/加工中心进行"回零"操作前，机床各轴的位置要距离原点

100 mm。 （　　）

（2）如需中途停止或结束 MDI 模式运行，只有按下 MDI 面板上的 Reset 键才能停止 MDI。 （　　）

（3）如需在存储器中删除一个程序，只要在程序画面中输入要删除的程序号 O××××,按 Delete 键，即可完成。 （　　）

（4）JOG 工作方式运行时，其速度不可以通过调节开关调节。 （　　）

（5）数控机床在开动后应空转一段时间，在达到或接近热平衡后再进行加工。（　　）

（6）使用 G54 指令对刀后，如果刀具和毛坯都没有变化，则关机后重新开机加工时不需要再对刀。 （　　）

（7）只要通过图形模拟加工，就可安全进行首件工件的自动加工。 （　　）

（8）数控机床空运行时，刀具不运动。 （　　）

4. 在开启数控机床前后，必须进行哪些检查？

七、总结与评价

引导问题 1　如何使用合适的量具检测综合类零件的加工质量？

1. 请把检测结果填写在综合类零件评分表 6-14 中，并进行评分。

表 6-14　综合类零件评分表

学生姓名				学生学号				总时间		
项目名称	综合类零件加工			图号				总成绩		
	序号	配分/分	图位	尺寸类型	公称尺寸/mm	上偏差/mm	下偏差/mm	上极限尺寸/mm	下极限尺寸/mm	实际尺寸/mm	得分/分	修正值
主要尺寸	1	3	C2	D	6	0.05	−0.05	6.05	5.95			
	2	3	B5	H	28	0.05	−0.05	28.05	27.95			
	3	3	D2	ϕ	40	0.05	−0.05	40.05	39.95			
	4	3	C4	H	17	0.05	−0.05	17.05	16.95			
	5	3	E1	H	78	0.05	−0.05	78.05	77.95			
	6	3	E2	H	60	0.05	−0.05	60.05	59.95			
	7	3	G3	H	90	0.05	−0.05	90.05	89.95			
	8	3	G3	H	118	0.05	−0.05	118.05	117.95			
	9	3	D5	H	17	0.05	−0.05	17.05	16.95			
	10	3	C7	H	60	0.05	−0.05	60.05	59.95			
	11	3	C6	H	15	0.05	−0.05	15.05	14.95			
	12	3	E7	H	15	0.05	−0.05	15.05	14.95			
	13	3	E8	H	25	0.05	−0.05	25.05	24.95			
	14	3	G7	L	85	0.05	−0.05	85.05	84.95			
	15	3	G9	D	7	0.05	−0.05	7.05	6.95			

	序号	配分/分	图位	尺寸类型	公称尺寸/mm	上偏差/mm	下偏差/mm	上极限尺寸/mm	下极限尺寸/mm	实际尺寸/mm	得分/分	修正值
次要尺寸	1	4	B3	D	16	0.05	−0.05	16.05	15.95			
	2	4	B4	D	6	0.05	−0.05	6.05	5.95			
	3	4	F3	L	10	0.05	−0.05	10.05	9.95			
	4	4	F4	L	21.5	0.05	−0.05	21.55	21.45			
	5	4	F3	H	70	0.05	−0.05	70.05	69.95			

	序号	配分/分	图位	尺寸类型	公称尺寸/μm	上偏差/mm	下偏差/mm	上极限尺寸/mm	下极限尺寸/mm	实际尺寸/mm	得分/分	修正值
表面质量	1	2.5	A3	Ra	0.8							
	2	2.5	B5	Ra	0.8							

	序号	配分/分	评分项	情况记录	得分/分	
主观评判	1	5	零件加工要素完整度			
	2	5	零件损伤（振纹、夹伤、过切等）			
	3	5	倒角（一处未加工扣0.3分，一处毛刺锐边扣0.2分）			

	序号	配分/分	规范要求	情况记录	得分/分	
职业素养	1	2	工具、量具、刀具分区摆放			
	2	2	工具摆放整齐、规范、不重叠			
	3	1	量具摆放整齐、规范、不重叠			
	4	1	刀具摆放整齐、规范、不重叠			
	5	1	防护佩戴规范			
	6	1	工作服、工作帽、工作鞋穿戴规范			
	7	1	加工后清理现场、清洁及其他			
	8	1	现场表现			

	序号	配分/分	评分项	情况记录	得分/分	备注
其他	1	5	是否更换毛坯			

2. 请填写综合类零件加工不达标尺寸分析表 6-15。

表 6-15 综合类零件加工不达标尺寸分析表

序号	图位	尺寸类型	公称尺寸/mm	实际测量数值/mm	对 ●	错 ○	出错原因	解决方案 学生分析	解决方案 教师分析
1						○			
2						○			
3						○			
4						○			
5						○			
6						○			
7						○			
8						○			

3. 请根据评分表 6-14 填写技术总结表 6-16。

表 6-16 技术总结表

技术总结		
学生总结		教师评价
存在的问题	改进方向	
学生姓名	日期	

引导问题 2 能否针对本项目所学的知识进行自我评价与总结？

1. 请填写综合类零件加工学习效果自我评价表 6-17。

表 6-17 综合类零件加工学习效果自我评价表

序号	学习任务内容	学习效果 优秀	学习效果 良好	学习效果 较差	备注
1	写出数控铣床（加工中心）的特点				
2	写出数控铣床及加工中心的选用原则				
3	如何正确操作与使用数控机床				
4	如何制定综合类零件的加工工艺				
5	写出实施过程中要注意的问题				
6	如何使用合适的量具检测综合类零件的加工质量				

2. 总结不足与需要改进的地方。

（1）通过以上检测，分析自己所加工零件的不足以及解决办法。

（2）写出在操作过程中存在的问题和需要改进的地方。

八、拓展训练

引导问题 1　如何选择钻孔的进给量？

钻孔的进给量见表 6-18。

表 6-18　钻孔的进给量　　　　　　　　单位：mm

钻头直径 d_o	钢 σ_b			铸铁、铜及铝合金的硬度	
	<800 MPa	800~1 000 MPa	>1 000 MPa	≤200 HB	>200 HB
≤2	0.05~0.06	0.04~0.05	0.03~0.04	0.09~0.11	0.05~0.07
2~4	0.08~0.10	0.06~0.08	0.04~0.06	0.18~0.22	0.11~0.13
4~6	0.14~0.18	0.10~0.12	0.08~0.10	0.27~0.33	0.18~0.22
6~8	0.18~0.22	0.13~0.15	0.11~0.13	0.36~0.44	0.22~0.26
8~10	0.22~0.28	0.17~0.21	0.13~0.17	0.47~0.57	0.28~0.34
10~13	0.25~0.31	0.19~0.23	0.15~0.19	0.52~0.64	0.31~0.39
13~16	0.31~0.37	0.22~0.28	0.18~0.22	0.61~0.75	0.37~0.45
16~20	0.35~0.43	0.26~0.32	0.21~0.25	0.70~0.86	0.43~0.53
20~25	0.39~0.47	0.29~0.35	0.23~0.29	0.78~0.96	0.47~0.56
25~30	0.45~0.55	0.32~0.40	0.27~0.33	0.9~1.1	0.54~0.66
30~50	0.60~0.70	0.40~0.50	0.30~0.40	1.0~1.2	0.70~0.80

注：1. 表列数据适用于在大刚性零件上钻孔，精度在 H12~H13 级以下（或自由公差），钻孔后还需用钻头、扩孔钻或镗刀加工，在一些情况下需乘修正系数。

2. 钻孔深度大于直径的 3 倍时应使用修正系数。

3. 为避免钻头损坏，当钻头即将钻穿工件时应停止自动走刀而改用手动走刀。

引导问题 2　加工中心的特点有哪些？

加工中心作为一种高效、多功能的数控机床，在现代生产中扮演着重要角色。它可以自动连续地完成铣、钻、扩、铰、镗、攻螺纹等多工序加工，适合于小型板类、盘类、壳体类、模具等零件的多品种小批量加工。它除了具有数控机床的共同特点外，还具有其独特的特点。

1. 工序集中。

加工中心的制造工艺与传统工艺及普通数控加工工艺有很大不同。加工中心备有刀库并能自动更换刀具，可对工件进行多工序加工。工件在一次装夹后，数控系统能控制机床按不同工序自动选择和更换刀具，自动调整机床主轴转速、进给量、刀具相对工件的运动轨迹及其他辅助功能。现代加工中心能够在一次装夹后，实现工件多表面、多特征、多工位的连续、高效、高精度加工，即实现工序集中。这是加工中心最突出的特点。

2. 强力切削。

主轴电动机通过一对齿形带轮将运动传递到主轴，主轴转速的恒功率范围宽，低转速的转矩大，机床的主要构件刚度高，因此可以进行强力切削。因为主轴箱内无齿轮传动，所以主轴运转时噪声低、振动小、热变形小。

3. 对加工对象的实用性强。

四轴联动、五轴联动加工中心的应用，以及 CAD/CAM 技术的成熟和发展，使复杂零件的自动加工变得简单易行。加工中心的柔性生产不仅体现在对特殊要求的快速反应上，而且可以快速实现批量生产，提高了市场竞争能力。

4. 加工生产率高。

零件加工所需要的时间包括机动时间与辅助时间两部分。加工中心带有刀库和自动换刀装置，在一台机床上能集中完成多种工序，因此可减少工件装夹、测量和机床调整的时间，减少工件半成品的周转、搬运和存放时间。这使得机床的切削利用率比普通机床高 3~4 倍，达到 80% 以上，因此，加工中心生产率高。

5. 高速定位。

进给伺服电动机的运动通过联轴节和滚珠丝杠副传递，使 X 轴、Y 轴和 Z 轴实现快速移动。机床基础件刚度高，因此在各轴高速移动时振动小，各轴低速移动时无爬行，并且具有高的精度稳定性。

6. 减轻操作者的劳动强度。

加工中心对零件的加工是按事先编写的程序自动完成的。操作者除了操作键盘、装卸零件、测量关键工序以及观察机床的运动之外，不需要进行繁重的重复性手工操作，劳动强度和紧张程度均可大为减轻，劳动条件也得到很大的改善。

7. 随机换刀。

驱动刀库的伺服电动机通过蜗轮副实现刀库回转，而机械手的回转、取刀、装刀机构均由液压系统驱动。自动换刀装置结构简单，换刀可靠，由于其安装在立柱上，因此不影响主轴箱移动精度。系统采用记忆式的任选换刀方式，每次选刀运动，刀库正转或反转均不超过 180°。

8. 经济效益高。

使用加工中心加工零件时，分摊在每个零件上的设备费用是较昂贵的，但在单件、小批量生产的情况下，可以节省许多其他方面的费用，因此能够获得良好的经济效益。加工中心的加工稳定，减少了废品率，使生产成本进一步下降。

9. 有利于生产管理的现代化。

用加工中心加工零件，能够准确地计算零件的加工工时，可有效地简化检验和工夹具、半成品的管理工作。这些特点有利于促进生产管理现代化。当前有许多大型 CAD/CAM 集成软件已经开发了生产管理模块，实现了计算机辅助生产管理。

引导问题 3　数控铣床及加工中心的选用原则是什么？

1. 数控铣床的选用。

数控铣床的选择主要由被加工的零件、加工精度、零件的批量等决定。规格较小的数控铣床其工作台宽度多在 400 mm 以下，最适宜中小零件的加工和复杂形面的轮廓铣削任务。规格较大的数控铣床其工作台在 500 mm 以上，可用来解决大尺寸复杂零件的加工需要。从精度选择来看，一般的数控铣床即可满足大多数零件的加工需求。对于精度要求比较高的零件，则应考虑选用精密型的数控铣床。

可根据加工零件是二维轮廓还是三维轮廓的几何形状，来决定选择两坐标联动还是三坐标联动的数控铣床；也可根据零件加工要求，增加数控分度头或数控回转工作台、加工螺旋槽、叶片零件等来选择数控铣床。对于大批量的零件加工，用户可采用专用铣床；中小批量而又是周期性重复投产的产品，采用数控铣床是非常合适的，因为在同一批量产品中，许多工夹具、程序等都可以存储起来重复使用。

2. 加工中心的选用。

加工中心选用主要由加工零件的复杂程度、精度、加工工序等因素确定。一般来说，具备下列特点的零件适合使用加工中心加工：需要用许多刀具在一个工件上进行加工的零件；有定位孔距精度要求的多孔且定位烦琐的工件；重复生产型的工件；复杂形状的工件，如模具、航空用零件等；能借助自动编程软件编程加工的各种异型零件；箱体类、板类零件适合在卧式加工中心上加工，如主轴箱体、泵体、阀体、内燃机缸体等。如果连同顶面也要在一次装夹中完成加工，则可选用五面体加工中心。立式加工中心适合加工箱盖、缸盖、平面凸轮等。龙门加工中心用于加工大型箱体、板类零件，如内燃机缸体、加工中心立柱、床身及印刷机墙板等。

引导问题 4 如何检验机床？

1. 机床几何精度的调试。

在机床摆放粗调整的基础上，还要对机床进行进一步的微调，主要是精调机床床身的水平，找正床身水平后移动机床各部件，观察各部件在全行程内机床床身水平的变化，并相应调整机床，保证机床的几何精度在允许范围之内。

2. 机床的基本性能检验。

（1）机床/系统参数的调整。

机床/系统参数可根据机床的性能和特点进行调整。

① 进给轴快速移动速度和进给速度参数的调整。

② 各进给轴加、减速常数的调整。

③ 主轴控制参数的调整。

④ 换刀装置参数的调整。

⑤ 其他辅助装置参数的调整，如液压系统、气压系统等。

（2）主轴功能。

① 手动操作。选择低、中、高三挡转速，主轴连续进行 5 次正转/反转的启动、停止，检验其动作的灵活性和可靠性，同时检查负载表上的功率显示是否符合要求。

② 手动数据输入（MDI）模式。主轴由低速开始，逐步提高到允许的最高速度。检查转速是否正常，一般允许误差不能超过机床上所示转速的 $\pm10\%$，在检查主轴转速的同时，观察主轴噪声、振动、温升是否正常，机床的总噪声不能超过 80 dB。

③ 主轴准停。连续操作机床 5 次以上，检查其动作的灵活性和可靠性。

（3）各进给轴检查。

① 手动操作。对各进给轴进行低、中、高挡进给和快速移动，检查移动比例是否正确，在移动时是否平稳、顺畅，有无杂声。

② 在 MDI 模式下通过 G00 和 G01 指令功能，检测快速移动和各进给速度。

（4）换刀装置的检查。

检查换刀装置在手动和自动换刀的过程中是否灵活、牢固。

（5）限位、机械零点检查。

① 检查机床软、硬限位的可靠性。软限位一般由系统参数来确定，硬限位通过行程开关来确定，一般在各进给轴极限位置，因此，行程开关的可靠性就决定了硬限位的可靠性。

② 回机械零点的检查。

用回原点的操作方式，检查各进给轴回原点的准确性和可靠性。

（6）其他辅助装置检查。

检查液压系统、气压系统、冲孔系统、照明电路等系统的工作是否正常。

3. 数控机床稳定性检验。

数控机床的稳定性也是体现数控机床性能的重要指标。如果一台数控机床不能保持长时间稳定工作，加工精度在加工过程中不断变化，同时需要不断测量工件和修改尺寸，便会导致加工效率下降，无法体现数控机床的优点。为了全面检查机床功能及工作可靠性，数控机床在安装调试后应在一定负载或空载条件下进行较长时间的自动运行测试。自动运行的时间应符合国家标准 GB/T 9061—2006《金属切削机床 通用技术条件》中的规定。自动和半自动的数控机床均可在全部功能下模拟工作状态，进行不切削连续空运转试验，其连续运转时间应符合规定，连续运转试验过程中不应发生故障。如出现异常或故障，应在查明原因进行调整或排除故障后应重新开始试验。试验时，自动循环应包括所有功能和全部工作范围，各次自动循环之间的休止时间不应大于 1 min。

4. 机床精度检验。

（1）机床的几何精度检验。

机床的几何精度是该设备的关键机械零部件和组装后的几何形状误差的综合反映。数控机床的基本性能检验方法与普通机床差异不大，使用的检测工具和方法也相似，每一项都要独立检验，但检验要求更高。在几何精度检验时，使用的检测工具精度必须比检测的精度高一级。其检测项目主要有以下几种。

① X，Y，Z 轴的相互垂直度。

② 主轴回转轴线对工作台面的平行度。

③ 主轴在 Z 轴方向移动的直线度。

④ 主轴轴向窜动及径向跳动量。

（2）机床的定位精度检验。

数控机床的定位精度是指机床各坐标轴在数控系统控制下所能达到的位置精度。根据实测的定位精度数值判断机床是否合格，其内容有以下几个方面。

① 各进给轴直线运动精度。

② 直线运动重复定位精度。

③ 直线运动轴机械回零点的返回精度。

④ 刀架同转精度。

（3）机床的切削精度检验。

机床的切削精度检验，其实质是对机床的几何精度和定位精度在切削时的综合检验，其内容可分为单项切削精度检验和综合试件检验。

① 单项切削精度检验包括：直线切削精度、平面切削精度、圆弧的圆度、圆柱度、尾座套筒轴线对溜板移动的平行度、螺纹检测等。

② 综合试件检验：根据单项切削精度检验的内容，设计一个包括大部分单项切削内容的工件进行试切加工，来确定机床的切削精度。

数控机床安装、调试合格后，必须将 CNC 机床数据、PLC 机床参数、PLC 程序进行备份和保存。这些文件可以保存成电子文件，也可打印出来，以便维修时使用。

5. 其他性能试验。

数控机床性能试验除上述定位精度、加工精度外，还有若干项内容。现以一台立式加工中心为例说明一些主要项目。

（1）主轴系统性能。

主轴系统性能试验是指用手动方式试验主轴动作的灵活性和可靠性。用数据输入方式，使主轴从低速到高速旋转，在实现各级转速的同时，观察机床的振动和主轴的温升，并测试主轴准停装置的可靠性。

（2）进给系统性能。

进给系统性能试验是指分别对各坐标进行手动操作，试验正、反方向不同进线速度和快速移动的开、停、点动的平稳性和可靠性，用数据输入方式测量点定位和直线插补下的各种进给速度。

（3）自动换刀系统性能。

自动换刀系统性能试验是指检查自动换刀系统的可靠性、灵活性，测定自动更换刀具的时间。

（4）数控装置及数据控制功能。

数控装置检查是指检查数控电柜的各种指示灯，检查纸带阅读机、操作面板、电控柜冷却风扇及电控柜的密封性，检查机床各种动作和功能是否正常可靠。按机床说明书，用手动或编程的方法，检查数据控制系统主要的使用功能，如定位直线插补、圆弧插补、暂停、自动加减速、紧急停止、螺距误差补偿以及间隙补偿等功能的准确性及可靠性。

（5）安全装置。

安全装置试验是指检查对操作者的安全性和机床保护功能的可靠性，如安全防护罩，机床各运动坐标行程极限保护自动停止功能，各种电流电压过载保护和主轴电动机过热、过负荷时的紧急停止功能等。

（6）机床噪声。

机床开动时的总噪声不得超过规定（80 dB）。数控机床大量采用电气调速装置，主轴箱的齿轮往往不是主要的噪声源，而主轴电动机的冷却风扇和液压系统液压泵的噪声可能成为主要的噪声源。

（7）电气装置。

电气装置试验是指在机床开动前后分别进行一次绝缘检查，检查润滑油有无渗漏以及各油量分配功能的可靠性。

（8）气、液装置。

气、液装置试验是指检查压缩空气和液压油路的密封、调压功能，油箱正常工作的情况。

（9）附属装置。

附属装置试验是指检查机床各附属装置的工作可靠性。

（10）连续无载荷运转。

用事先编制好的功能比较齐全的程序使机床连续运行 8～16 h，检查机床各项运动、动作的平稳性和可靠性，在运行中不允许出现故障，对整个机床进行综合检查考核。若机床达不到要求，则应重新开始考核，不允许累计运行时间。

引导问题 5 请根据图 6-16 所示的钳体零件图，制定零件加工工艺，编写加工程序，并进行加工和评分，将评分结果填入表 6-19。

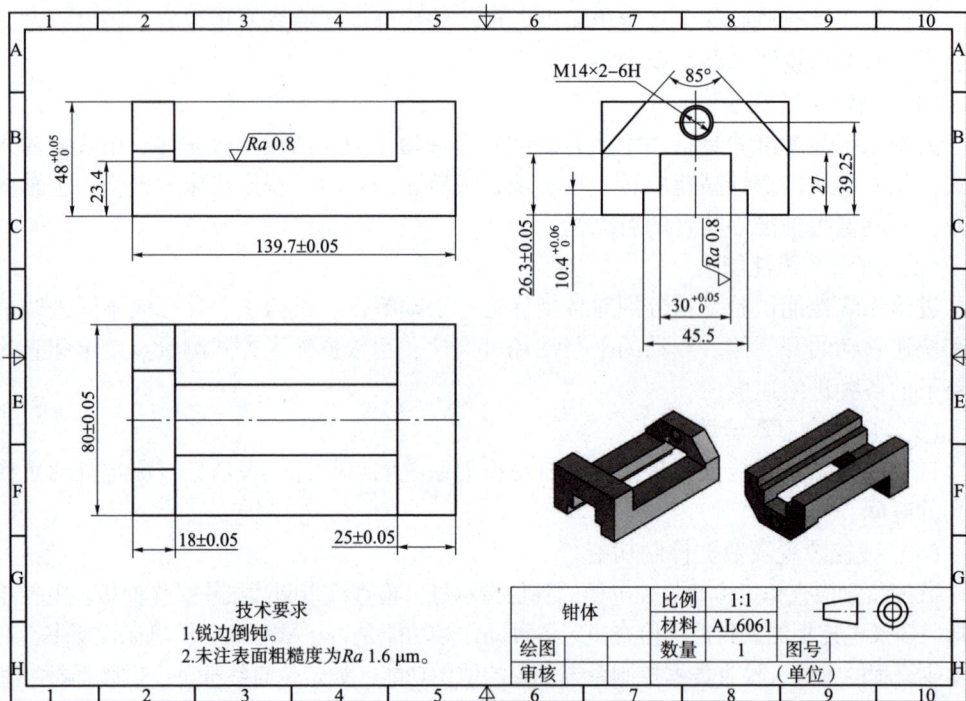

图 6-16 钳体零件图

表 6-19 钳体零件评分表

学生姓名				学生学号				总时间		
项目名称	综合类零件加工			图号				总成绩		
序号	配分/分	图位	尺寸类型	公称尺寸/mm	上偏差/mm	下偏差/mm	上极限尺寸/mm	下极限尺寸/mm	实际尺寸/mm	得分/分	修正值

	序号	配分/分	图位	尺寸类型	公称尺寸/mm	上偏差/mm	下偏差/mm	上极限尺寸/mm	下极限尺寸/mm	实际尺寸/mm	得分/分	修正值
主要尺寸	1	6	B1	H	48	0.05	0	48.05	48			
	2	6	C3	H	139.7	0.05	−0.05	139.75	139.65			
	3	6	E1	H	80	0.05	−0.05	80.05	79.95			
	4	6	G2	H	18	0.05	−0.05	18.05	17.95			
	5	6	G4	H	25	0.05	−0.05	25.05	24.95			
	6	5	C6	D	26.3	0.05	−0.05	26.35	26.25			
	7	5	D6	D	10.4	0.06	0	10.46	10.4			
	8	5	D8	H	30	0.05	0	30.05	30			

学习笔记

次要尺寸	序号	配分/分	图位	尺寸类型	公称尺寸/mm	上偏差/mm	下偏差/mm	上极限尺寸/mm	下极限尺寸/mm	实际尺寸/mm	得分/分	修正值
	1	5	A7	M	14			OK	NO			
	2	5	B9	L	39.25	0.05	−0.05	39.3	39.2			
	3	5	C2	H	23.4	0.05	−0.05	23.45	23.35			

表面质量	序号	配分/分	图位	尺寸类型	公称尺寸/μm	上偏差/mm	下偏差/mm	上极限尺寸/mm	下极限尺寸/mm	实际尺寸/mm	得分/分	修正值
	1	5	B3	Ra	0.8							
	2	5	C8	Ra	0.8							

主观评判	序号	配分/分	评分项	情况记录	得分/分
	1	5	零件加工要素完整度		
	2	5	零件损伤（振纹、夹伤、过切等）		
	3	5	倒角（一处未加工扣0.3分，一处毛刺锐边扣0.2分）		

职业素养	序号	配分/分	规范要求	情况记录	得分/分
	1	2	工具、量具、刀具分区摆放		
	2	2	工具摆放整齐、规范、不重叠		
	3	1	量具摆放整齐、规范、不重叠		
	4	1	刀具摆放整齐、规范、不重叠		
	5	1	防护佩戴规范		
	6	1	工作服、工作帽、工作鞋穿戴规范		
	7	1	加工后清理现场、清洁及其他		
	8	1	现场表现		

其他	序号	配分/分	评分项	情况记录	得分/分	备注
	1	5	是否更换毛坯			

技术总结	学生总结			教师评价
	存在问题	改进方向		
	日期：			

引导问题 6 请根据图 6-17 所示零件图，使用宏程序制定零件加工工艺和编程，并进行加工和评分，将评分结果填入表 6-20 内。

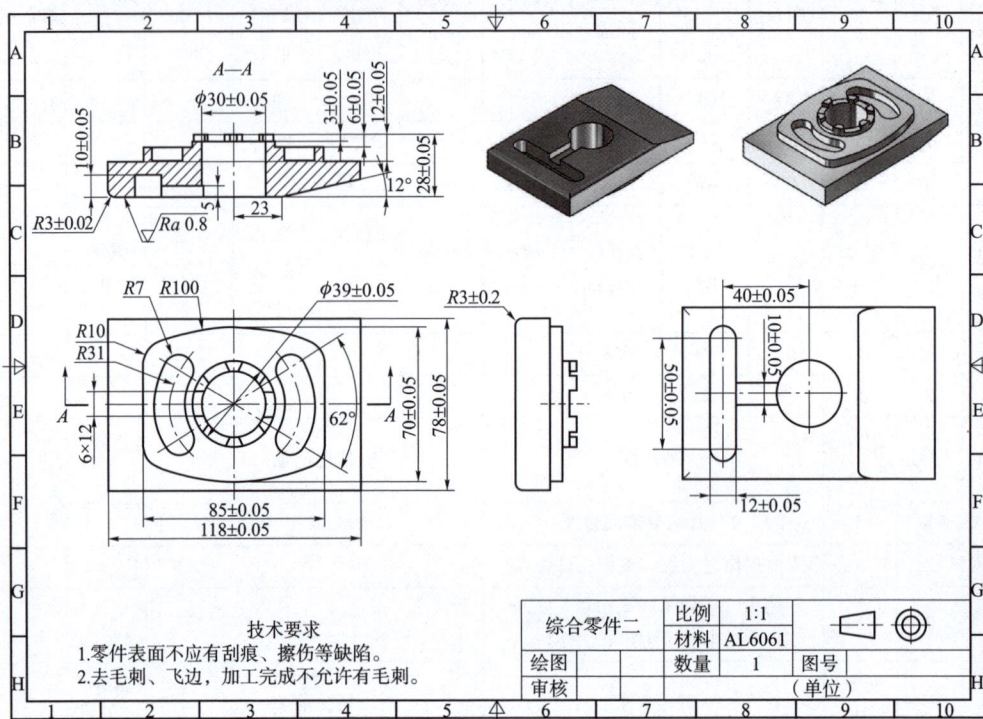

图 6-17　综合类零件零件图

表 6-20　综合类零件评分表

学生姓名				学生学号			总时间				
项目名称	综合类零件加工			图号			总成绩				
	序号	配分/分	图位	尺寸类型	公称尺寸/mm	上偏差/mm	下偏差/mm	上极限尺寸/mm	下极限尺寸/mm	实际尺寸/mm	得分/分	修正值
主要尺寸	1	4	B1	*D*	10	0.05	−0.05	10.05	9.95			
	2	4	B3	φ	30	0.05	−0.05	30.05	29.95			
	3	4	B4	*D*	3	0.05	−0.05	3.05	2.95			
	4	4	B4	*D*	6	0.05	−0.05	6.05	5.95			
	5	4	B4	*D*	12	0.05	−0.05	12.05	11.95			
	6	4	B5	*H*	28	0.05	−0.05	28.05	27.95			
	7	4	F3	*H*	85	0.05	−0.05	85.05	84.95			
	8	4	F3	*H*	118	0.05	−0.05	118.05	117.95			
	9	4	E5	*H*	70	0.05	−0.05	70.05	69.95			
	10	4	E5	*H*	78	0.05	−0.05	78.05	77.95			
	11	4	D9	*H*	12	0.05	−0.05	12.05	11.95			
	12	4	F9	*H*	10	0.05	−0.05	10.05	9.95			

学习笔记

	序号	配分/分	图位	尺寸类型	公称尺寸/mm	上偏差/mm	下偏差/mm	上极限尺寸/mm	下极限尺寸/mm	实际尺寸/mm	得分/分	修正值
次要尺寸	1	4	C1	R	3	0.02	−0.02	3.02	2.98			
	2	4	E1	H	12	0.05	−0.05	12.05	11.95			
	3	3	E10	L	50	0.05	−0.05	50.05	49.95			
	4	3	F9	L	40	0.05	−0.05	40.05	39.95			
	5	3	D5	R	3	0.2	−0.2	3.2	2.8			

	序号	配分/分	评分项	情况记录	得分/分
主观评判	1	5	零件加工要素完整度		
	2	5	零件损伤（振纹、夹伤、过切等）		
	3	5	倒角（一处未加工扣 0.3 分，一处毛刺锐边扣 0.2 分）		

	序号	配分/分	规范要求	情况记录	得分/分
职业素养	1	2	工具、量具、刀具分区摆放		
	2	2	工具摆放整齐、规范、不重叠		
	3	1	量具摆放整齐、规范、不重叠		
	4	1	刀具摆放整齐、规范、不重叠		
	5	1	防护佩戴规范		
	6	1	工作服、工作帽、工作鞋穿戴规范		
	7	1	加工后清理现场、清洁及其他		
	8	1	现场表现		

	序号	配分/分	评分项	情况记录	得分/分	备注
其他	1	10	是否更换毛坯			

技术总结	学生总结		教师评价
	存在问题	改进方向	
	日期：		

带凹槽凸台零件–
上表面内外轮廓铣削

带凹槽凸台零件–
上表面铣削（盘铣刀）

带凹槽凸台零件–
上表面斜面铣削

带凹槽凸台零件–
下表面内轮廓铣削（冷却液）

带凹槽凸台零件–
下表面凸牙铣削

带凹槽凸台零件–
下表面铣削（盘铣刀）

参 考 文 献

[1] 万晓航. 数控机床编程技术 [M]. 北京：北京理工大学出版社，2021.

[2] 张军. 数控机床编程与操作教程 [M]. 北京：机械工业出版社，2021.

[3] 李英平. 数控编程与操作 [M]. 北京：北京大学出版社，2012.

[4] 蒋建强，汪秉权. 数控机床编程与操作 [M]. 北京：北京师范大学出版社，2011.

[5] 孟超平. 数控编程与操作 [M]. 北京：机械工业出版社，2019.

[6] 彭芳瑜. 数控技术 [M]. 武汉：华中科技大学出版社，2022.

[7] 杨宗斌. 数控加工技术 [M]. 北京：高等教育出版社，2017.

[8] 杨仲冈. 职业技术教育教材：数控加工技术 [M]. 北京：中国轻工业出版社，2008.

[9] 张宗仁，关兴举. 数控铣削加工 [M]. 北京：化学工业出版社，2021.

[10] 于万成. 数控车削编程及加工 [M]. 北京：高等教育出版社，2015.